U0199053

“十二五”职业教育国家规划教材
经全国职业教育教材审定委员会审定

电机与电器检修

主　编　林如军
副主编　田小波
参　编　于富航　郭　娜　蒋海忠
　　　　莫佰展　潘　波

机械工业出版社
CHINA MACHINE PRESS

本书是经全国职业教育教材审定委员会审定的“十二五”职业教育国家规划教材，是根据教育部于2014年公布的《中等职业学校电气运行与控制专业教学标准》，同时参考电气设备安装工职业资格标准编写的。

本书是一本理论与实践技能相结合的中等职业技术学校电气类专业教材，以几种常用电动机的拆卸、组装、维修以及相应的电动机控制电路的安装与调试作为出发点，采用“项目式教学”，逐步递进地学习和掌握知识和技能，突出“做中学，做中教”的教学理念，强调在实践中学习理论知识，再用理论知识指导实际工作。

全书共分七个项目，其中项目一了解关于电动机的分类、特点、应用场合以及常用低压电器的相关知识，为后面几个项目的学习做好铺垫；项目二、三、四、六为几种常用电动机的拆装过程，相应电动机控制电路的安装与调试以及电动机绕组的维护，并在各项目中穿插相关知识链接，以便让学习者能够对所学内容有一个更为全面的了解；项目五为常见低压电器的认知和维修；项目七为三相交流异步电动机常见的几种控制电路的连接与调试。

本书可作为中等职业学校电气类专业教材，书中内容通俗易懂，图文并茂，可操作性强，并有很强的实用性，特别适合初学者，也可作为电工技能与实训的基础课程教学用书，以及岗位培训教材。

为便于教学，本书配套有电子教案等教学资源，选择本书作为教材的教师可来电（010-88379195）索取，或登录 www. cmpedu. com 网站，注册、免费下载。

图书在版编目(CIP)数据

电机与电器检修/林如军主编. —北京：机械工业出版社，2015.9(2019.1重印)
“十二五”职业教育国家规划教材
ISBN 978-7-111-50596-9

Ⅰ.①电… Ⅱ.①林… Ⅲ.①电机-维修-中等专业学校-教材②电器-维修-中等专业学校-教材 Ⅳ.①TM307②TM507

中国版本图书馆CIP数据核字(2015)第136269号

机械工业出版社(北京市百万庄大街22号 邮政编码100037)
策划编辑：郑振刚 责任编辑：郑振刚 责任校对：刘秀芝
封面设计：张 静 责任印制：常天培
北京机工印刷厂印刷
2019年1月第1版第2次印刷
184mm×260mm · 11.25印张 · 268千字
1 501—2 500册
标准书号：ISBN 978-7-111-50596-9
定价：27.00元

前言

本书是根据教育部《关于中等职业教育专业技能课教材选题立项的函》（教职成司［2012］95号），由全国机械职业教育教学指导委员会和机械工业出版社联合组织编写的“十二五”职业教育国家规划教材，是根据教育部于2014年公布的《中等职业学校电气运行与控制专业教学标准》，同时参考电气设备安装工职业资格标准编写的。

本书从强调实用、重视培养能力的角度出发，结合中职学校电气类专业学生的学习能力、特点，力求降低教材内容的难度，做到通俗易懂、图文并茂、操作简洁明了、实用性强。本书的编写有以下几个特点。

1. 重视学生实践能力的培养，突出中等职业教育的教学特色。

本书所涉及的专业知识和技能符合中等职业学校教学要求，突出实践能力培养，结合中等职业学校学生特点，多数教学任务的教学环节安排了实训内容，对于那些相对抽象、枯燥、难理解的基本理论知识，可通过实验方式巩固和加深提高学生理论联系实际的能力，真正做到“做中学，学中做”。

2. 重视教材内容的实用性。

教材所涉及的专业知识技能与实际生产相符，根据电气类专业毕业生所从事实际工作的需要，合理确定知识结构和能力结构，进一步加强实践性教学内容，以满足企业对中职学校毕业生的要求。

3. 有组织编排内容，体现教学内容的层次性。

本书共分为七个项目，项目之间既相对独立又有一定的梯度，编排的顺序从基础到提高、从简单到复杂、从基本线路到综合线路，层次分明。另外，为了降低学生的学习难度，方便阅读，激发兴趣，本书采用了大量直观形象的实物图。

本书教学计划48学时，各项目学时分配建议参见下表，各学校可根据本校实际情况适当调整。

项目内容	理论学时	实践学时
项目一　认识电动机与电器	2	
项目二　单相异步电动机的检修	2	6
项目三　直流电动机的检修	2	6
项目四　单相串励电动机的检修	2	6
项目五　常见低压电器的检修	2	2
项目六　三相异步电动机的拆装与常见故障的排除	2	6
项目七　三相异步电动机控制电路的连接及电路故障的排除	2	8
总学时	48	

本书由宁波市教育局职成教教研室林如军任主编、并编写项目二，宁波奉化职教中心田小波任副主编，并编写项目一、项目四，山东青岛于富航编写项目三，河南工业技术学校郭娜编写项目五，宁波第二技师学院蒋海忠编写项目七的任务一和任务二，宁波慈溪职业高级中学莫佰展编写项目六以及项目七的任务五，宁波市职教中心潘波编写项目七的任务三和任务四。

本书编写过程中得到了各学校领导和老师的大力支持，在此表示衷心的感谢；本书经全国职业教育教材审定委员会审定，评审专家对本书提出了宝贵的建议，在此对他们表示衷心的感谢！编写过程中，编者参阅了国内出版的有关教材和资料，在此一并表示衷心感谢！

由于编者水平有限，书中不妥之处在所难免，恳请读者批评指正。

编　者

目 录

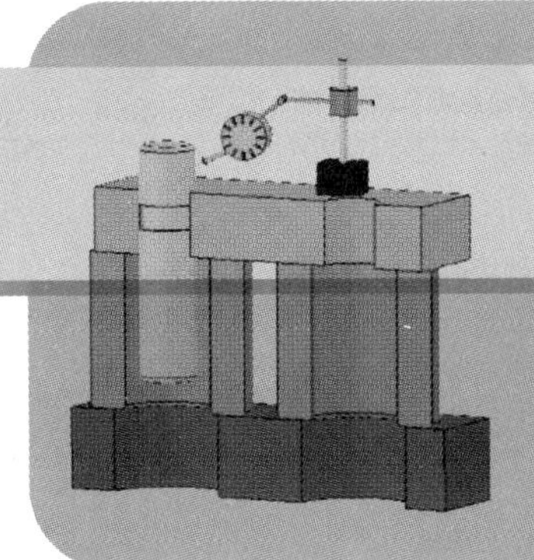

项目一

认识电动机与电器

电动机的发明和应用对人类具有极大的意义，可以说它为人类生活、生产带来了翻天覆地的变化。从 19 世纪末起，电动机逐步取代蒸汽机作为拖动生产机械的原动机，一个世纪以来，虽然电动机的基本结构变化不大，但是电动机的类型增加了许多种，并且随着科学技术的发展，在运行性能方面有了很大的改进和提升，电动机自身理论也日渐成熟。随着电磁材料性能的不断提升，为电动机的发展注入了新的活力。未来电动机将会沿着单位功率体积更小、机电能量转换效率更高、控制更灵活的方向继续发展。

【任务描述】

电动机是各种机床设备和家用电器工作运行的动力来源，作为一名机电类专业的学习者来讲，需要对各种常用电动机的分类、基本结构、工作特性有一个常识性了解。

电动机的运行往往需要利用低压电器元件进行控制。借助于低压电器的控制，电动机可以实现在不同方式下运行。通过本项目的介绍，让学习者对电器的作用以及分类有一个直观的认识。

【任务目标】

1）通过本项目的学习，让学习者了解电动机的分类、基本结构、特点及适用场合。

2）通过本项目的学习，让学习者了解电器的作用以及分类。

【任务实施】

电动机（俗称马达）是把电能转换成机械能的一种设备。它是利用通电线圈（也就是定子绕组）产生旋转磁场并作用于转子，形成磁电动力旋转转矩，以此作为用电器或各种机械设备的动力源。

一、电动机的分类

电动机按工作电源种类的不同，可划分为直流电动机和交流电动机。交流电动机按结构及工作原理可分为同步电动机和异步电动机。电动机的详细的分类如图 1-1 所示。

二、分类电动机的特点及应用场合

1. 直流电动机

直流电能转换为机械能的电动机称为直流电动机，直流电动机具有良好的起动性能，而

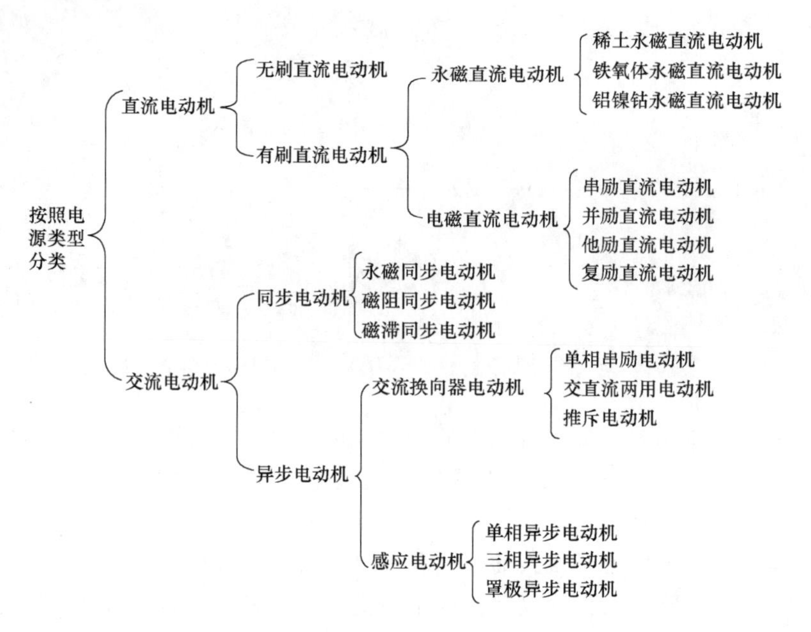

图 1-1　电动机的分类

且能在宽广范围内平滑、经济地调速，因此直流电动机在起动和调速要求较高的生产设备上被广泛使用，例如用来拖动电力机车、船舶机械、电梯和切削机床等。在自动控制系统中小容量直流电动机的应用也很广泛。

（1）无刷直流电动机

无刷直流电动机（如图 1-2 所示）是采用半导体开关器件来实现电子换向的，即用电子开关器件代替传统的接触式换向器和电刷。它具有可靠性高、无换向火花、机械噪声低等优点，广泛应用于高档录音座、录像机、电子仪器及自动化办公设备中。

无刷直流电动机由永磁体转子、多极绕组定子、位置传感器等组成，位置传感按转子位置的变化，沿着一定次序对定子绕组的电流进行换流（即检测转子磁极相对于定子绕组的位置，并在确定的位置产生位置传感信号，经信号转换电路处理后去控制功率开关电路，按一定的逻辑关系进行绕组电流切换）。定子绕组的工作电压由位置传感器输出控制的电子开关电路提供。

图 1-2　无刷直流电动机

位置传感器有磁敏式、光电式和电磁式三种类型。

1）采用磁敏式位置传感器的无刷直流电动机，其磁敏传感器件（例如霍尔元件、磁敏二极管、磁敏诂极管、磁敏电阻器或专用集成电路等）装在定子组件上，用来检测永磁体、转子旋转时产生的磁场变化。

2）采用光电式位置传感器的无刷直流电动机，在定子组件上按一定位置配置了光电传感器件，转子上装有遮光板，光源为发光二极管或小灯泡。转子旋转时，由于遮光板的作用，定子上的光敏元器件将会按一定频率间歇间生脉冲信号。

3）采用电磁式位置传感器的无刷直流电动机，是在定子组件上安装有电磁传感器部件

(例如耦合变压器、接近开关、LC谐振电路等)，当永磁体转子位置发生变化时，电磁效应使电磁传感器产生高频调制信号（其幅值随转子位置而变化)。

(2) 永磁式直流电动机

永磁式直流电动机（如图1-3所示）由定子磁极、转子、电刷、外壳等组成，定子磁极采用永磁体（永久磁钢)，有铁氧体、铝镍钴、钕铁硼等材料。按其结构形式可分为圆筒型和瓦块型等几种。录放机中使用的多数为圆筒型磁体，而电动工具及汽车用电器中使用的电动机多数采用瓦块型磁体。

转子一般采用硅钢片叠压而成，较电磁式直流电动机转子的槽数少。录放机中使用的小功率电动机多数为3槽（3槽即有3个绕组)，较高档的为5槽或7槽。漆包线绕在转子铁心的两槽之间，其各接头分别焊在换向器的金属片上。电刷是连接电源与转子绕组的导电部件，具备导电与耐磨两种性能。永磁式直流电动机的电刷使用单性金属片、金属石墨电刷或电化石墨电刷。

录放机中使用的永磁式直流电动机，采用电子稳速电路或离心式稳速装置。

(3) 电磁式直流电动机

电磁式直流电动机（如图1-4所示）由定子磁极、转子（电枢)、换向器、电刷、机壳、轴承等构成。

图1-3　永磁式直流电动机

图1-4　电磁式直流电动机

电磁式直流电动机的定子磁极（主磁极）由铁心和励磁绕组构成。根据其励磁（旧称激磁）方式的不同又可分为串励直流电动机、并励直流电动机、他励直流电动机和复励直流电动机。因励磁方式不同，定子磁极磁通（由定子磁极的励磁线圈通电后产生）的规律也不同。

串励直流电动机的励磁绕组与转子绕组之间通过电刷和换向器相串联，如图1-5所示。励磁电流与电枢电流成正比，定子的磁通量随着励磁电流的增大而增大，转矩近似与电枢电流的平方成正比，转速随转矩或电流的增加而迅速下降。其起动转矩可达额定转矩的5倍以上，短时间过载转矩可达额定转矩的4倍以上，转速变化率较大，空载转速甚高（一般不允许其在空载下运行)。可通过用外用电阻器与串励绕组串联（或并联)，或将串励绕组并联换接来实现调速。

并励直流电动机的励磁绕组与转子绕组相并联，其励磁电流较恒定，起动转矩与电枢电流成正比，起动电流约为额定电流的2.5倍左右，如图1-6所示。转速则随电流及转矩的增大而略有下降，短时过载转矩为额定转矩的1.5倍。转速变化率较小，为5%～15%。可通过消弱磁场的恒功率来调速。

图 1-5　串励直流电动机

图 1-6　并励直流电动机

他励直流电动机的励磁绕组接到独立的励磁电源供电，其励磁电流也较恒定，起动转矩与电枢电流成正比，如图 1-7 所示。转速变化也为 5% ~15% 。可以通过消弱磁场恒功率来提高转速或通过降低转子绕组的电压来使转速降低。

图 1-7　他励直流电动机

图 1-8　复励直流电动机

复励直流电动机，如图 1-8 所示，其定子磁极上除有并励绕组外，还装有与转子绕组串联的串励绕组（其匝数较少）。串励绕组产生的磁通方向与主绕组的磁通方向相同，起动转矩约为额定转矩的 4 倍左右，短时间过载转矩为额定转矩的 3.5 倍左右。转速变化率为 25% ~30% （与串联绕组有关），转速可通过消弱磁场强度来调整。

2. 交流电动机

（1）交流同步电动机

交流同步电动机如图 1-9 所示，是一种恒速驱动电动机，其转子转速与电源频率保持恒定的比例关系，被广泛应用于电子仪器仪表、现代办公设备、纺织机械等。

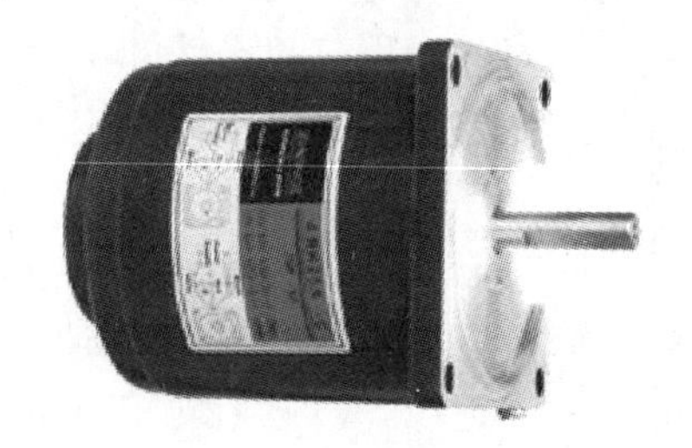

图 1-9　交流同步电动机

1）永磁同步电动机如图 1-10 所示，其磁场系统由一个或多个永磁体组成，通常是在用铸铝或铜条焊接而成的笼型转子的内部，按所需的极数装嵌有永磁体的磁极，定子结构与异步电动机类似。

当定子绕组接通电源后，电动机以异步电动机起动原理运转，加速运转至同步转速时，由转子永磁磁场和定子磁场产生的同步电磁转矩（由转子永磁磁场产生的电磁转矩与定子磁场产生的磁阻转矩合成）将转子牵入同步，电动机进入同步运行。

2）磁阻同步电动机也称反应式同步电动机，如图 1-11 所示，是利用转子上交轴和直轴的磁阻不等而产生磁阻转矩的同步电动机，其定子与异步电动机的定子结构类似，只是转子

结构不同。为了使电动机能产生异步起动转矩，转子还设有笼型铸铝绕组。转子上开有与定子极数相对应的反应槽（仅有凸极部分的作用，无励磁绕组和永久磁铁），用来产生磁阻同步转矩。根据转子上反应槽的结构不同，可分为内反应式转子、外反应式转子和内外反应式转子。其中，外反应式转子反应槽开在转子外圆，使其直轴与交轴方向气隙不等。内反应式转子的内部开有沟槽，使交轴方向磁通受阻，磁阻加大。内外反应式转子结合以上两种转子的结构特点，直轴与交轴差别较大，使电动机的动力较大。磁阻同步电动机也分为单相电容运转式、单相电容起动式、单相双值电容式等多种类型。

3）磁滞同步电动机如图 1-12 所示，是利用磁滞材料产生磁滞转矩而工作的同步电动机。定子绕组接通电源后，形成的旋转磁场使磁滞转子产生异步转矩而起动旋转，随后自行牵入同步运行状态。在电动机异步运行时，定子旋转磁场以转差频率反复地磁化转子；在同步运行时，转子上的磁滞材料被磁化而出现了永磁磁极，从而产生同步转矩。

图 1-10　永磁同步电动机

图 1-11　磁阻同步电动机

图 1-12　磁滞同步电动机

磁滞同步电动机分为内转子式磁滞同步电动机、外转子式磁滞同步电动机和单相罩极式磁滞同步电动机。

（2）交流换向器电动机

交流换向器电动机广泛应用于纺织、印染、造纸、印刷行业等行业中。它和直流电动机一样装有换向器和电刷，是一种恒转矩调速电动机，具有较小起动电流、较大起动转矩的特点。这种电动机的优点是调速范围宽，最高空载转速可达两倍同步转速，其次可以提高电动机运行时的功率因数。交流换向器电动机可划分为单相串励电动机、交直流两用电动机和推斥电动机。

（3）交流异步电动机

交流异步电动机是超前于交流电压相位运行的电动机，根据电磁力定律，载流的转子导体在磁场中受到电磁力作用，形成电磁转矩，驱动转子旋转，当电动机轴上带机械负载时，便向外输出机械能。它主要由定子、转子和它们之间的气隙构成。交流异步电动机具有结构简单、运行可靠、价格便宜、过载能力强及使用、安装、维护方便等优点，被广泛应用于各个领域。

1）单相异步电动机如图 1-13 所示，由定子、转子、轴承、机壳、端盖等构成。定子由机座和带绕组的铁心组成。铁心由硅钢片冲槽叠压而成，槽内嵌装两套空间互隔 90°电角度的主绕组（也称运行绕组）和副绕组。主绕组接交流电源，副绕组串接离心开关 S 或起动电容、运行电容等之后，再接入电源。转子为笼型铸铝转子，它是将铁心叠压后用铝铸注入铁心的槽中，一起铸出端环，使转子导条短路成笼型。

单相异步电动机又分为单相电阻起动异步电动机、单相电容起动异步电动机、单相电容运转异步电动机和单相双值电容异步电动机。

2）三相异步电动机如图1-14所示，其结构与单相异步电动机相似，但与单相异步电动机相比，三相异步电动机运行性能好，并可节省各种材料。按转子结构的不同，三相异步电动机可分为笼型和绕线转子型两种。笼型转子的异步电动机结构简单、运行可靠、重量轻、价格便宜，得到了广泛的应用，其主要缺点是调速困难。绕线转子型三相异步电动机的转子和定子一样也设置了三相绕组并通过滑环、电刷与外部变阻器连接。调节变阻器电阻可以改善电动机的起动性能，并调节电动机的转速。三相异步电动机定子铁心槽中嵌装三相绕组（有单层链式、单层同心式和单层交叉式三种结构）。定子绕组接入三相交流电源后，绕组电流产生的旋转磁场，在转子导体中产生感应电流，转子在感应电流和气隙旋转磁场的相互作用下，又产生电磁转柜（即异步转柜），使电动机旋转。

3）罩极式电动机如图1-15所示，是单向交流电动机中最简单的一种，通常采用笼型斜槽铸铝转子。它根据定子外形结构的不同，又分为凸极式罩极电动机和隐极式罩极电动机。

凸极式罩极电动机的定子铁心外形为方形、矩形或圆形的磁场框架，磁极凸出，每个磁极上均有1个或多个起辅助作用的短路铜环，即罩极绕组。凸极磁极上的集中绕组作为主绕组。

图1-13　单相异步电动机

图1-14　三相异步电动机

图1-15　罩极式电动机

隐极式罩极电动机的定子铁心与普通单相电动机的铁心相同，其定子绕组采用分布绕组，主绕组分布于定子槽内，罩极绕组不用短路铜环，而是用较粗的漆包线绕成分布绕组（串联后自行短路）嵌装在定子槽中（约为总槽数的2/3），起辅助组的作用。主绕组与罩极绕组在空间上相距一定的角度。

当罩极式电动机的主绕组通电后，罩极绕组也会产生感应电流，使定子磁极被罩极绕组罩住部分的磁通与未罩部分向被罩部分的方向旋转。

三、电器的作用与分类

电器是一种能够根据外界的信号和要求，手动或自动控制接通或断开电路，断续或连续地改变电路参数，以实现对电路或非电路对象的切换、控制、保护、检测、变换和调节用的电气设备。简而言之，电器就是一种能控制电的工具。其中，低压电器通常指工作在交流电压1200V及以下、直流电压1500V及以下的电气设备。

电器的种类很多，分类方法也很多。常见的电器分类方法如图1-16所示。电力拖动自

动控制系统中常用的电器，如图 1-17 所示。

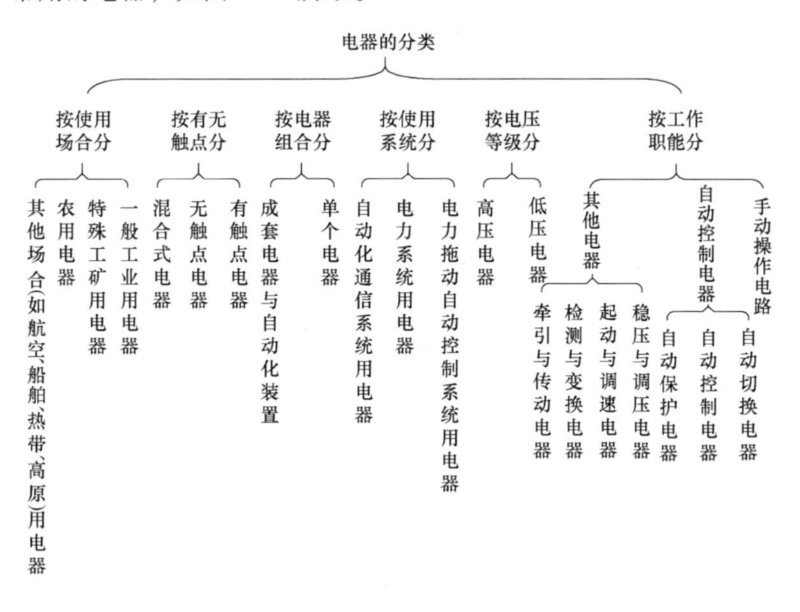

图 1-16　电器的分类

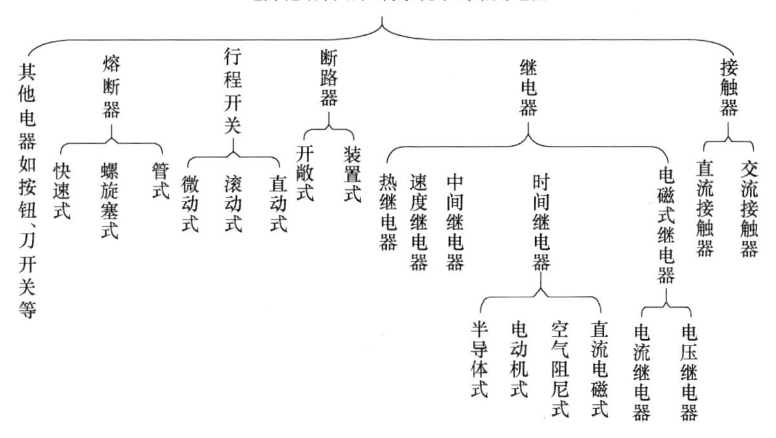

图 1-17　电力拖动自动控制系统中的常用电器

思考与练习

1. 电动机按工作电源种类的不同，可分为哪几类电机？
2. 无刷直流电动机的结构组成及工作特点？
3. 电磁式直流电动机的结构组成及分类？
4. 三相异步电动机分为哪几种？它与单相异步电动机相比较有什么优点？
5. 什么是电器？按照工作电压的不同可分为哪几类？

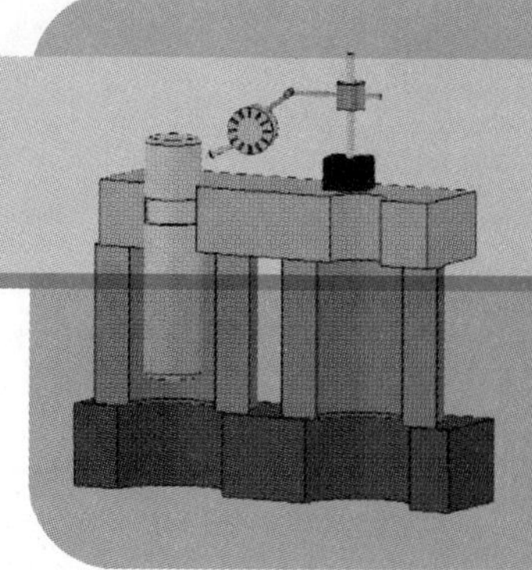

项目二 单相异步电动机的检修

在工厂的车间和办公室里，我们总可以看到电风扇的身影。图 2-1 为常见的落地扇，图 2-2 为吊扇。通过观察，可以发现这些风扇均采用 220V 单相交流供电，并且可以知道驱动叶片旋转的都是单相异步电动机。

图 2-1　落地扇

图 2-2　吊扇

电风扇运转过程中，总会出现各种各样的故障，当出现电动机绕组烧坏故障时，就需要拆装电动机，重新制作绕组。本项目我们就来学习单相电动机的拆装及故障检测。

【能力目标】

技能目标

1）会使用电动机维修的通用工具和专用工具。

2）会连接单相异步电动机常用控制电路。

3）会拆换单相异步电动机绕组并能排除典型故障。

知识目标

1）了解单相异步电动机的类型、结构与工作原理。

2）了解单相异步电动机常用控制电路的结构与原理。

3）了解单相电动机拆装、接线与检修中的工艺要求。

4）了解单相异步电动机绕组拆换工艺及常见故障的产生原因及检修思路。

任务一　单相异步电动机的拆卸

【任务描述】

现将一个电风扇所用的单相电动机，用实训室准备的器材独立将其端盖拆除，并移出转子。

【任务目标】

1）掌握单相电动机的拆卸流程。

2）会采取正确的动作进行单相电动机的整体拆卸。

3）能在拆卸过程中注意安全规范。

4）熟悉拆动电动机的工艺流程：拆除电源线—拆除尾罩—拆除端盖—取出转子—卸下轴承。

装配与上述顺序相反。本任务不动绕组。

【所需器材】

在《电工技术基础与技能》课程中我们已经学习了电工用通用工具的用法。在图2-3中，从左至右依次是测电笔、一字形螺钉旋具、十字形螺钉旋具、钢丝钳、尖嘴钳、剥线钳、电工刀、扳手、电烙铁等。

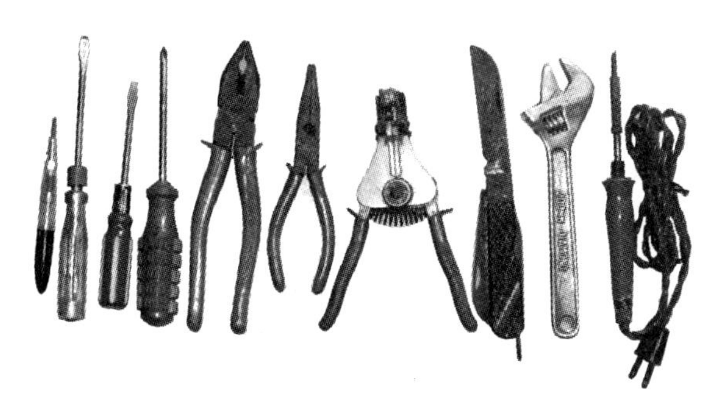

图2-3　电工通用工具

电动机维修中常用专用工具见表2-1。

表2-1　电动机维修中常用专用工具

名称	外　形　图	型号规格	材质	用　　途
划线板		长15～20cm 宽1～1.5cm 厚0.5cm	铝、硬塑料、酚醛板、楠竹	线圈下线时，将电磁线划入铁心槽，并将导线划直理顺。在绕组端部嵌放绝缘材料时，用以分出间隙

（续）

名称	外形图	型号规格	材质	用途
划针	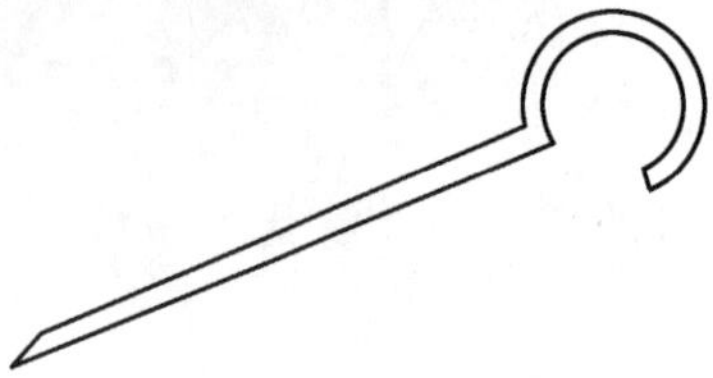	长 20～25cm 宽 3～4cm 厚 1～2cm	不锈钢等较硬的金属	包卷铁心槽口部绝缘材料
清槽片	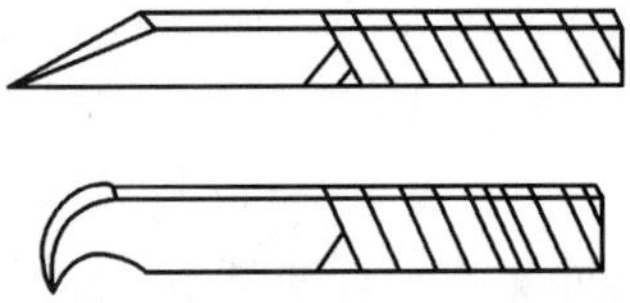	长 15～20cm，宽、厚同钢锯条	钢锯条	清除电动机定子或转子铁心槽的残存绝缘物或锈斑
压脚		工作部分根据铁心槽口形状而定	黄铜、不锈钢	将已经划入铁心槽的导线压紧、压实
绕线机	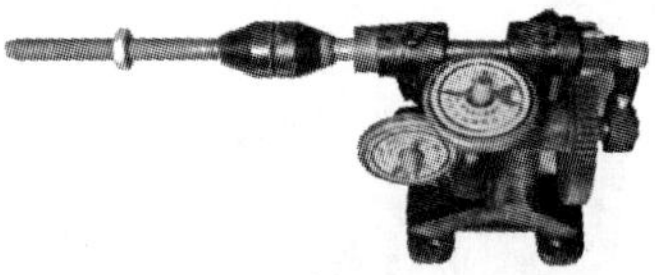		铸铁、钢材	套上绕线模，绕制线圈
绕线模	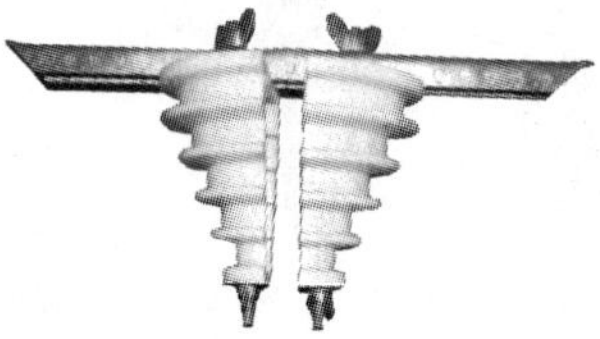		铁、硬塑料	可调线圈尺寸大小的模具。绕制线圈时将其固定在绕线机转轴上，在其模芯上绕制线圈

【任务实施】

1. 拆装前的准备

1）准备拆装工具：3in（1in＝0.0254m）螺钉旋具（一字、十字各一）、活扳手（6in、8in 各一）、电风扇电动机一台。

2）拆卸的准备工作，做好 4 个记录工作：电动机引出线的颜色，前、后端盖，前、后轴承和前后端盖与定子铁心的结合部位，应该分别做上记号，为装配做准备。

2. 单相电动机的拆装步骤

拆装电动机的工艺流程为：拆除电源线—拆除尾罩—拆除端盖—取出转子—卸下轴承。

本任务不动绕组，装配与上述顺序相反。

单相电动机的拆卸具体步骤如图 2-4 所示。

3. 电动机拆装工艺要求

1）在拆卸时，旋动螺钉、螺帽与螺钉旋具或扳手规格务必与工件吻合，否则可能损坏螺钉、螺帽。

2）在拆卸由两颗及以上螺钉连接的紧固件（如端盖）时，应该对角交叉分几次轮流旋松螺钉，不可一次性将某一螺钉卸下，这样容易造成被紧固件（如端盖）变形。

3）轴承位于转子转轴两端，拆卸时应该分清前轴承和后轴承。因为转轴前端是负荷端，前轴承磨损大。在电动机工作一段时间后，当前轴承还能使用时，可以前后轴承对调使用，以延长其使用寿命。

4. 电动机装配工艺要求

1）安装轴承时应加润滑油（有的是边装配边加润滑油，有的是装配完后再加）。

2）清洁定子铁心内表面后，在装入转子时，定、转子的端面必须保持平整，转子外圆周与定子内圆周之间的空气间隙应当一致。

3）前后端盖按照拆卸时所作的记号归位，旋紧 4 颗螺钉时也要对角交分几次旋紧；在紧固端盖的全过程中，注意边旋动螺钉边旋动转轴，一直要保持转轴灵活转动，否则容易造成转子卡死甚至使转轴变形。

4）如果是装电风扇电动机，在装摇头机构时，注意边装配边加润滑油。

5）连接电源时注意区分电源线颜色，还要注意起动电容器不分极性。

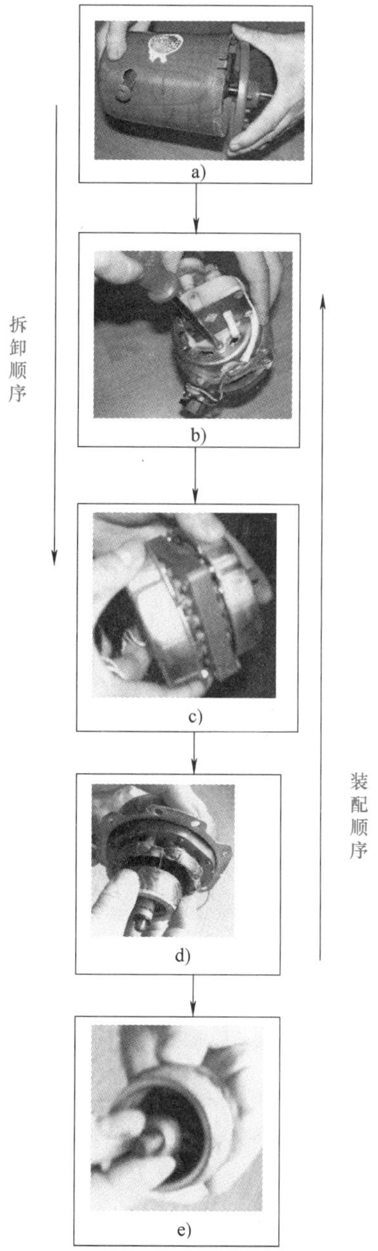

拆卸顺序　装配顺序

a)　b)　c)　d)　e)

图 2-4　单相电动机拆卸步骤

a）拆下尾罩、前罩盖　b）卸下摇头机构　c）拆卸前后端盖　d）取出转子　e）卸下轴承

【相关知识链接】

一、单相异步电动机的分类与结构特点

单相异步电动机按照起动形式的不同，可按图 2-5 所示进行分类。

单相异步电动机的共同特点是体积小、功率小（小的小于 10W，最大的不超过 3700W）、结构相对简单、功率因数低。但是由于它们的起动、运转形式的不同，其结构特点也不一样，现用表 2-2 将常用单相异步电动机的结构特点与应用范围进行比较。

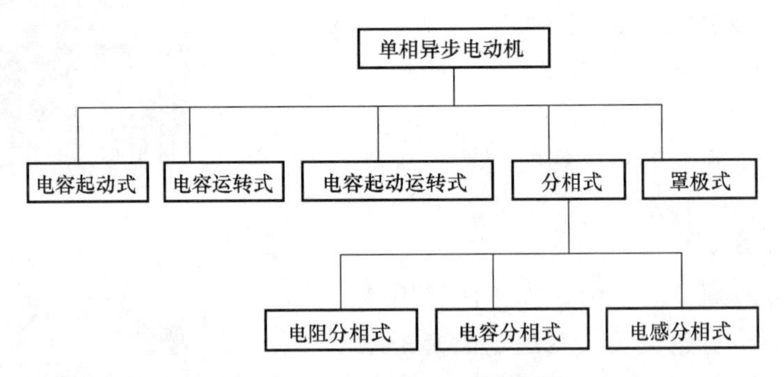

图 2-5　单相异步电动机分类

表 2-2　常用单相异步电动机结构特点与应用范围

电动机类型	结构特点	绕组接线示意图	大体应用范围
电容运转式	1. 定子绕组由主绕组（工作绕组）和副绕组（起动绕组）组成 2. 副绕组串接电容器 3. 电动机起动后副绕组继续通电工作	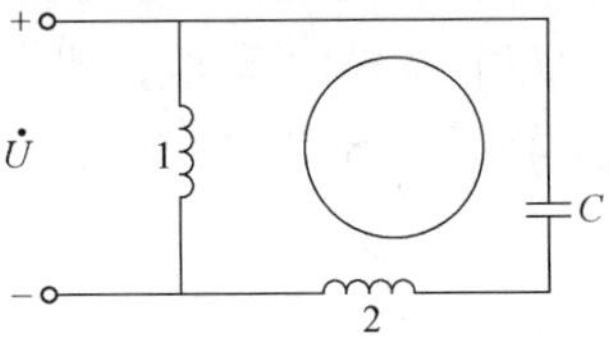	小型电动设备：电风扇、洗衣机电动机、电冰箱电动机、空调器电动机、排风扇等
电容起动式	前两点同上。区别在第三点：电动机起动结束后，副绕组自动切断电源，不参与运行	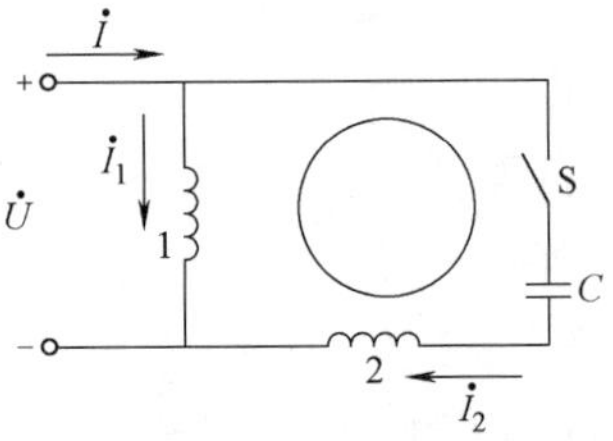	小型用电设备：小型水泵、洗衣机电动机、空调器电动机、其他小型压缩机等
电容起动运转式	1. 定子绕组任然是主、副两套绕组 2. 副绕组上串接两个互相并联的电容器 3. 起动结束后自动切断一个电容器，还留一个电容器与副绕组串联继续通电工作	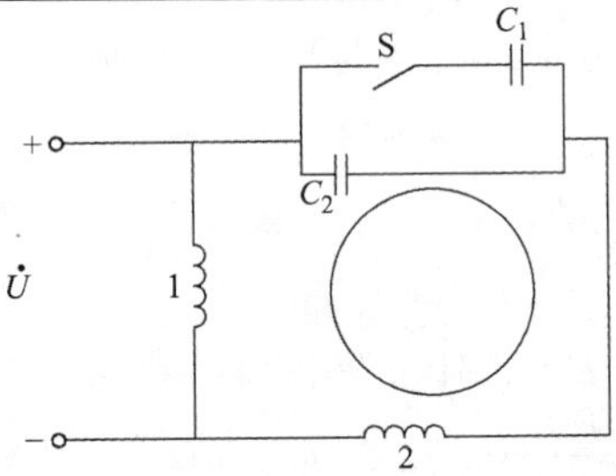	家用水泵、小型机床、功率较大的电冰箱和空调器电动机等
分相式	1. 定子绕组由主、副两套绕组组成 2. 副绕组匝数多、线径小、电阻大 3. 起动结束后副绕组被自动切断电源	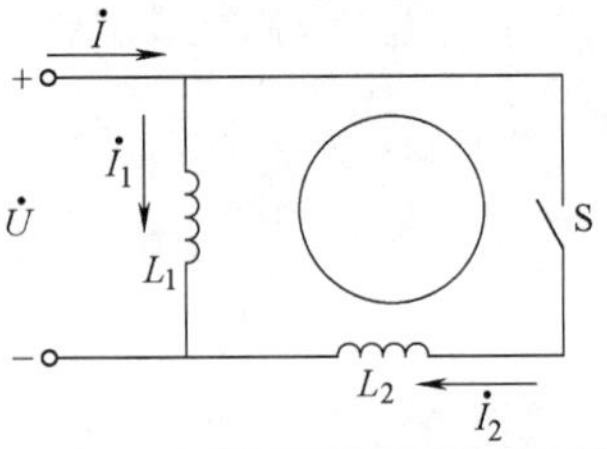	用于小型、超小型电动设备：小型鼓风机、医疗器械、家用搅拌机、粉碎机等
罩极式	与上面几种电动机结构不同，定子绕组只有一套，但在定子铁心的磁极上有一部分铁心套有铜环（又名短路环），用于电动机的起动	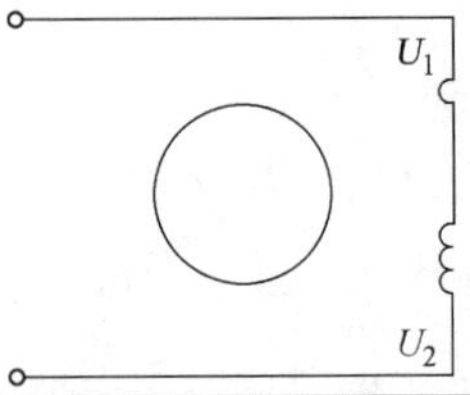	小型、超小型电动设备：电动玩具、模型、电唱机、电动仪器仪表、小型鼓风机、旧式电风扇等

二、单相异步电动机的结构

下面以电风扇电动机为例讨论单相异步电动机的结构。电风扇电动机属于电容运转式单相电动机，它的外形如图 2-6 所示，其内部结构如图 2-7 所示。在内部结构图中从左至右依次是前罩盖、前端盖、定子、转子、后端盖和后罩壳等。

图 2-6　电风扇电动机外形　　　　图 2-7　电风扇电动机的内部结构

在单相电动机的零部件中，最主要的部件是具有电磁作用的定子和转子。其中定子由定子铁心和嵌放在定子铁心槽中的定子绕组（绝缘铜线绕成）组成，如图 2-8 所示，转子由转子铁心、笼型转子绕组及转轴组成，如图 2-9 所示。

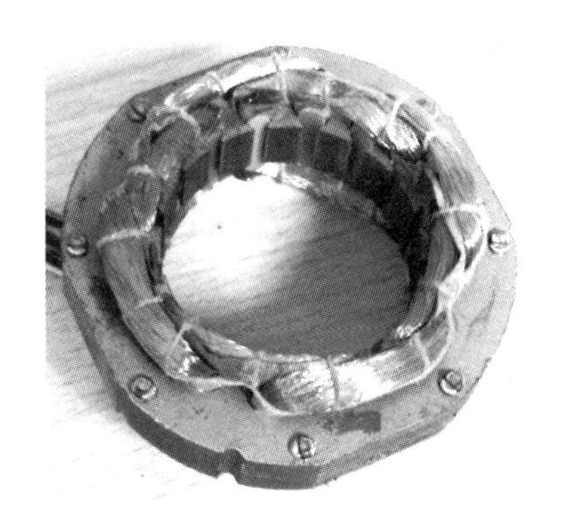

图 2-8　定子结构

图 2-9　转子结构

在图 2-7 所示的电动机内部结构图中，定子、转子通电后因为电磁作用使转子旋转，带动工作机械做功。其他零部件起着各自的机械作用：前后端盖用于固定和支撑定子和转子，轴承用于减小转轴转动时的摩擦。

三、单相异步电动机的工作原理

1）单相电流通入定子绕组，转子不转动。单相电流进入定子绕组后，绕组中的电流仍然遵循正旋规律变化，单相电流通入一组定子绕组所产生的磁场如图 2-10 所示。在定子圆周上所产生的磁场也是跟随这一规律变化，不能产生转动力矩，所用转子不会转动。

2）在定子的主绕组上并联副绕组，在副绕组上串接电容器通入单相电流，产生电磁转矩，转子按一定的方向转动。

为了说明这一问题，我们先以图 2-11 所示的实验来说明，在这个实验中，如果蹄形磁铁静止，位于磁极中的转子不会转动。当摇转蹄形磁铁时，位于磁极中的转子会跟着磁铁旋转方向转动。这说明，当转子外面的磁场旋转时，会产生力矩，带动转子转动，其旋转方向与磁场旋转方向相同，这就是由旋转磁场带动转子运转，解决电动机起动问题的实例。但是在电动机中，要用这种方式实现转子起动旋转显然不现实，那么在科学上是怎样解决这一技术难题的呢？

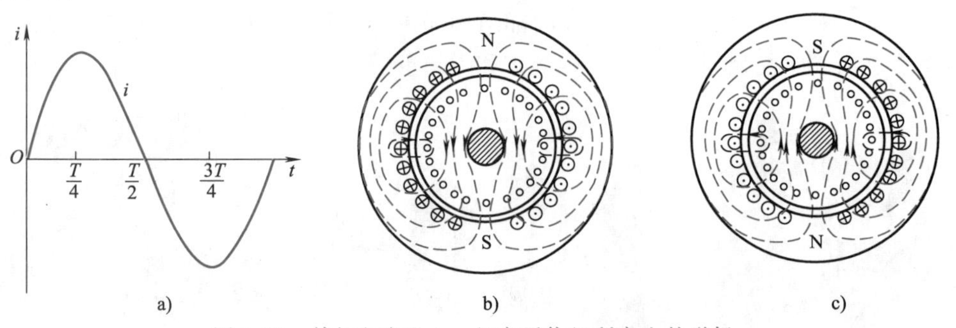

图 2-10　单相电流通入一组定子绕组所产生的磁场

a）单相交流电　b）电流正半周时的磁场　c）电流负半周时的磁场

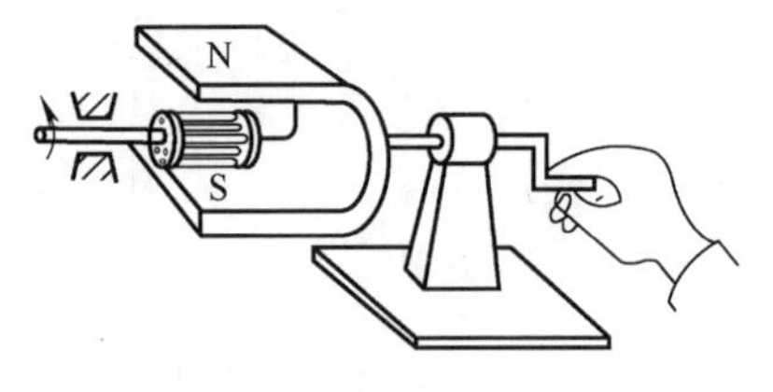

图 2-11　旋转的磁铁带动转子转动

在前面讨论的单相异步电动机的分类中，从它们的结构上可以看出，除罩极式以外，其他形式的单相电动机都采用了分相起动的方法，即在它们的定子铁心中，嵌放两套绕组，即主绕组和副绕组。在实际生产中用得最多的是在起动绕组中串联电容器（包括电容起动式、电容运转式和电容起动运转式）。在向电动机定子绕组注入单相正旋交流电时，由于主绕组的纯线圈，形成感性支路，而副绕组串联了电容器，形成容性支路。使两条支路中的电流在相位上发生了变化。如果副绕组（起动绕组）的匝数、嵌线形式、接法和电容量选得恰当，在向电动机定子绕组注入单相正弦交流电时，在两套定子绕组中分别形成了相位差为90°电角度的两相电流。在这两相电流的作用下，在定子圆周空间产生了一个旋转磁场，这个旋转磁场将会带动转子旋转（类似图 2-11 的实验）。

下面进一步探讨定子旋转磁场是怎样产生的？

在两套定子绕组中，两相电流的波形图如图 2-12 的上部所示，它们在定子绕组中所产生的磁场如图 2-12 的下部所示。可以看出随着这两相电流按照正旋规律变化一周，定子圆周上的磁场也旋转了一周。

它们的变化过程如下：

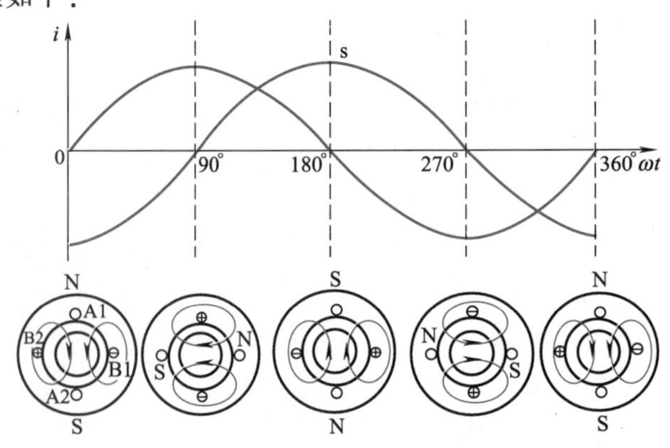

图 2-12　两相电流的旋转磁场

在图 2-12 中，随着两相电流按正旋规律变化一周，则它们形成的磁场也旋转一周，其间的对应关系如图 2-13 所示。

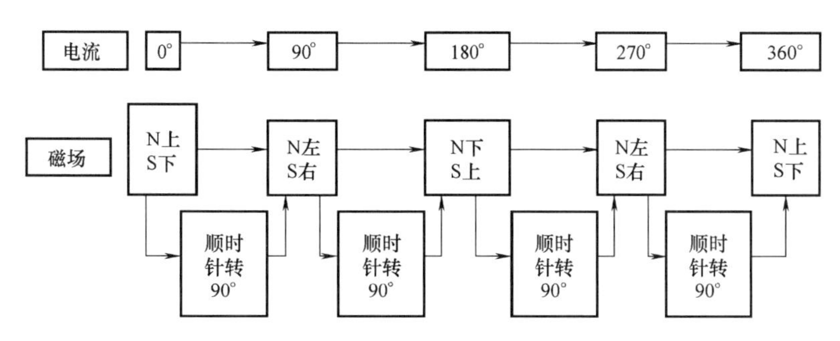

图 2-13　电流变化形成的旋转磁场

由此可见，当单相电流移成两相后按照正旋规律周而复始连续变化时，定子磁场也将按顺时针方向连续旋转。这个旋转的磁场将在转子绕组上产生电磁感应，在转子绕组中感应出电流，这个感应电流必然产生磁场，转子感应电流磁场与定子电流磁场相互作用，产生电磁转矩，使转子沿着定子旋转磁场方向连续转动。

【任务评价】

检测对电动机的相关数据的了解情况并填写表 2-3。

表 2-3　对电动机相关数据的了解情况

电动机系列、参数、形式	观 测 结 果	配分	实际得分
系列		2	
功率		3	
起动形式		3	
定子铁心长度/mm		2	
定子铁心内径/mm		2	
转子有效长度/mm		2	
转子外径/mm		2	
定、转子间气隙长度(两者之间的间隙)/mm		4	
合计		20	

检测对电动机维修专用工具的了解情况并填写表 2-4。

表 2-4　对电动机维修专用工具的了解情况

工具名称	外形图(自画示意草图)	用　　途	配分	实际得分
划线板			3	
划针			3	
清槽片			3	
压脚			3	

（续）

工具名称	外形图（自画示意草图）	用　途	配分	实际得分
绕线机			4	
绕线模			4	
合　计			20	

检测对电动机拆卸的掌握程度并填写表 2-5。

表 2-5　对电动机拆卸的掌握情况

步骤	操作内容	使用工具	工艺要点	配分	实际得分
第一步				14	
第二步				12	
第三步				12	
第四步				12	
第五步				10	
合　计				60	

学生（签名）　　　　　　测评教师（签字）　　　　时间：

1. 在单相电动机的部件中，最关键的是哪两个？它们的作用是什么？
2. 简述电动机注入单相电流后是怎样发生转动的？
3. 在电动机的拆装过程中，哪些地方要特别小心？试说明原因。

任务二　单相异步电动机控制电路的连接

【任务描述】

1）该项任务包括连接单相异步电动机的正反转与调速控制电路两个内容。

2）连接范围规定为电动机的电源引出线与控制电器和室内电源之间，不涉及绕组内部。

3）电路连接完毕，必须通电检测其控制效果。

【任务目标】

1）掌握单相电动机的正反转控制电路的连接与调试。

2）掌握单相电动机的调速控制电路的连接与调试。

3）能对单相电动机正反转电路和调试电路的运行效果进行检测。

【所需器材】

1）连接控制电路所需工具见表 2-6。

表 2-6　所需工具

序　号	名　称	型号规格	数　量
1	螺钉旋具	一字型	1
2	螺钉旋具	十字型	1
3	电工刀		1
4	镊子		1
5	电烙铁	20W 内热	1
6	万用表	MF47 型	1
7	电抗器		1
8	转速表	红外线型	1

2）连接控制电路所要用到的器件见表 2-7。

表 2-7　所需器件

序号	名称	型号规格	数量
1	风扇电动机		1
2	转换开关	电风扇用	1
3	绝缘胶带	晴纶粘胶	适量
4	绝缘导线	软线	适量
5	焊锡、松香		适量

【任务实施】

一、连接单相异步电动机的正反转控制电路

以电风扇电动机为例连接单相异步电动机的正反转控制电路。具体操作步骤如下：

1. 识读电路原理图

单相异步电动机正反转控制电路原理图如图 2-14 所示。

用于正反转控制的单相异步电动机多为主绕组和副绕组基本相同的电容运转式单相异步电动机，其中洗衣机电动机就是典型例子。

图中当换向开关 S 置于上方时，右侧绕组为主绕组，下方绕组与电容器串联，成为副绕组；接通电流时，电动机沿着一个方向发生转动（正转）。当转换开关 S 置于下方时，下方绕组成了主绕组，而右侧绕组与电容器串联，变为副绕组。随着换向开关位置的转换，两套定子绕组的电流方向和功能亦发生变换。理论研究证明，在两套绕组功能交换的过程中，产生了方向相反的旋转磁场，从而使电动机反转。

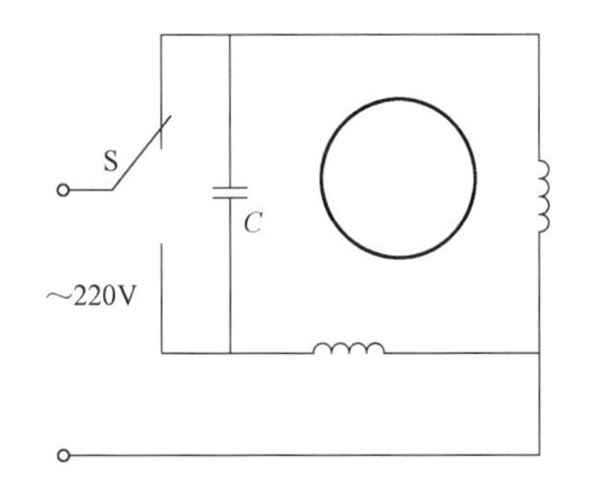

图 2-14　电动机正反转控制电路原理图

2. 连接电动机正反转控制电路

1）检测关键器材——转换开关。将万用表置于 R×1k 档，当两表笔分别接通活动触头和位置“0”时（0 位置为开路状态），读数为“无穷大”，若使活动触头分别接通位置“1”“2”“3”时，将一支表笔接活动触头，另一表笔分别接触位置“1”“2”“3”，在接通位置，万用表读数均为零。凡是活动触头没有接通的档位，电阻值都是无穷大。

2）参照原理图 2-14 连接电动机反转实际电路如图 2-15 所示。

图 2-15　电动机正反转控制实际电路图

图 2-15 所示是单相异步电动机反转控制实际接线图。图中的转换开关是与电风扇电动机配套的换向开关。当开关的活动触头拨到位置“0”时，电动机不通电，转子不转；将活动触头置于位置“1”时，电动机正转；将其拨到位置“2”时，电动机反转（其中位置“3”这一固定触头未用）。

>> **注意**　为了接触良好，所有接头均用电烙铁焊接并处理好绝缘。确保用电安全！

3. 通电检查

检查图 2-15 的接线，焊接牢固后，按照图 2-16 的顺序，通电检查电动机的正、反转控制效果。

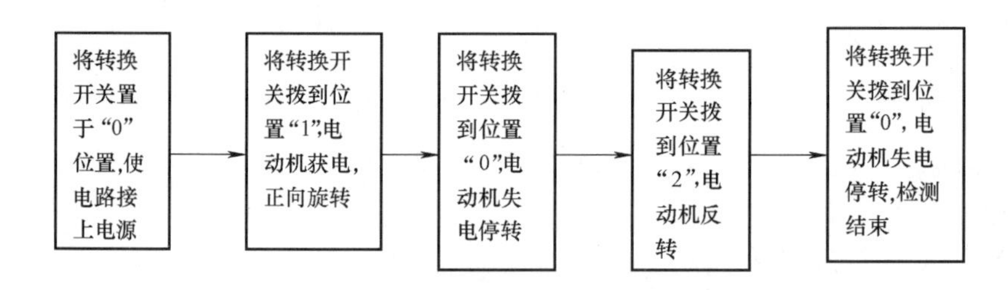

图 2-16　电动机正反转控制电路通电检查顺序

二、连接串联外置电抗器的调速电路

1. 识读电路原理图

本书所讲的电动机调速，都是利用改变定子绕组两端电压来实现调速的。在图 2-17 中，当转换开关置于“停”时，电动机不转；当转换开关拨到位置“高”时，外置电抗器未串入电路，电源电压全部加在定子绕组两端，定子绕组获得高电压，转速高；当转换开关拨到位置“中”时，电抗器线圈右侧部分串入电路，分去了一部分电源电压，定子绕组所获得电压降低，转速降低到中速；当转换开关拨到位置“低”时，电抗器线圈全部串入电路，分去更多电源电压，定子绕组所获得电压更低，只能低速运转。

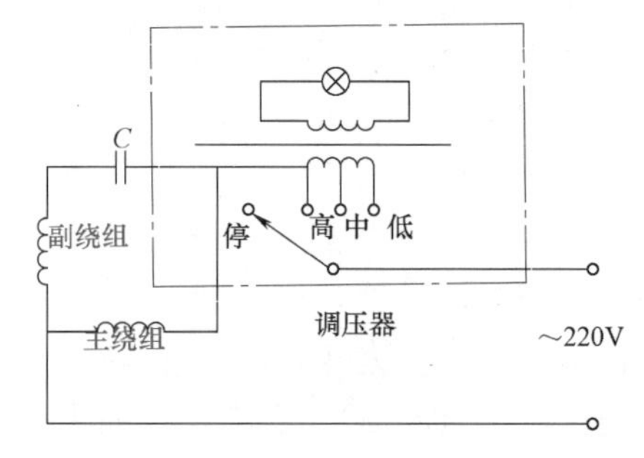

图 2-17　串联电抗器的调速原理电路

2. 连接串联电抗器的实际调速电路

串联电抗器的实际调速电路如图 2-18 所示。

连接该调速电路的工艺要求：

1）对于风扇电动机的三根电源引出线，在技术上通常规定为：红色接主绕组，蓝色（或绿色）接副绕组，黑色或黄绿相间线接公共端。

2）转换开关的检测方法同前。

3）检查电抗器质量时应粗测线圈直流电阻和线圈对铁心的绝缘电阻。测线圈直流电阻时，万用表置于 R×1 档，引出线 1、3 之间的电阻大于 1、2 间和 2、3 间的直流电阻。测绝缘电阻时用万用表的 R×10k 档，测得的直流电阻应该为无穷大。

4）所有接头必须焊牢并处理好绝缘。

3. 通电测量电动机的调速效果

转速测量的工艺要求：测电动机转速时用转速表，现在普遍使用的是红外线转速表，在检测时，开启转速表，只要将转速表靠近运行中的电动机转轴，即可测得该电动机转速。用红外线转速表测电动机的转速如图 2-19 所示。

图 2-18 串联电抗器的实际调速电路

图 2-19 用红外线转速表测电动机转速

三、连接用定子绕组抽头的调速电路

1. 识读电路原理图

绕组抽头调速的电动机控制电路有多种，这里选用电风扇电动机中较为普遍的 L-2 型绕组抽头调速电路，其工作原理图如图 2-20 所示。

该电路的结构特点是中间绕组（调速绕组）串联在副绕组支路并与副绕组嵌放于同一铁心槽内。当转换开关拨在位置“停”时，电动机无电。如果拨在位置“高”时，电源电压全部加到主绕组上，负责工作的主绕组获得的电压高，所有转速也高；当转换开关拨在位置“中”时，中间绕组的一部分线圈串入了主绕组电路，分去了主绕组的一部分电压，导致电动机转速降低；当转换开关拨到位置“低”时，中间绕组全部串入主绕组支路，中间绕组分去的电压更多，此时主绕组获得的电压更低，所有电动机处于低速运转状态。

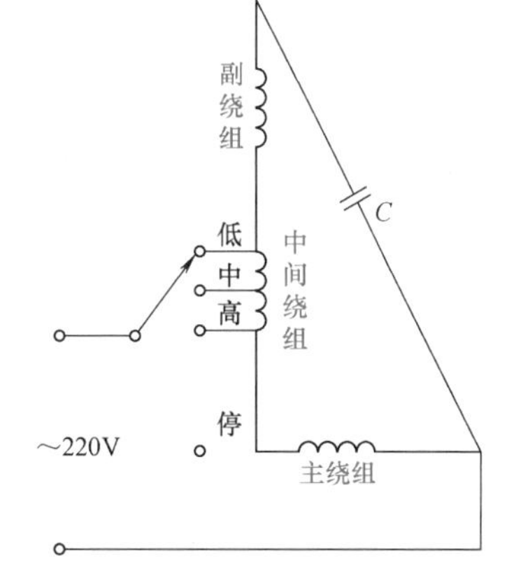

图 2-20 L-2 型绕组抽头调速电路工作原理图

2. 连接 L-2 型绕组抽头实际调速电路

结合原理图和实际电路可以看出，这种电动机的引出线有五根，其中黄色和黑色绝缘软导线用于串联电容器，而红、绿、白色软导线分别接转换开关（调速开关）。应该注意地是，白色软导线在电动机外接转换开关的“中”速位置，它在电动机内部接的是调速绕组的的中间抽头。

在安全方面的要求上述任务相同，所有接头必须牢固焊接外，还必须用绝缘胶带包缠好所有可能带电的裸露部分，方可通电检测。

3. 通电检测调速效果

测电动机转速的工艺要求与检测外置电抗器调速电路的方法相同。

在该项任务中，只要中间绕组的中间抽头不接错（应该接在转换开关“中”速位置），就不难实现高、中、低的调速效果。

>> **注意** 电动机引出线中，红线接的是主绕组，它应该接于转换开关的“高”速位置。

【相关知识链接】

L-2 型绕组抽头调速属于 L 型绕组抽头调速电路的一种。在技术上，就 L 型绕组抽头调速电路而言，还有 L-1 型和 L-3 型两种。除此之外，T 型绕组抽头调速电路应用也较普遍。下面分别介绍这三种电路的结构及其调速原理。

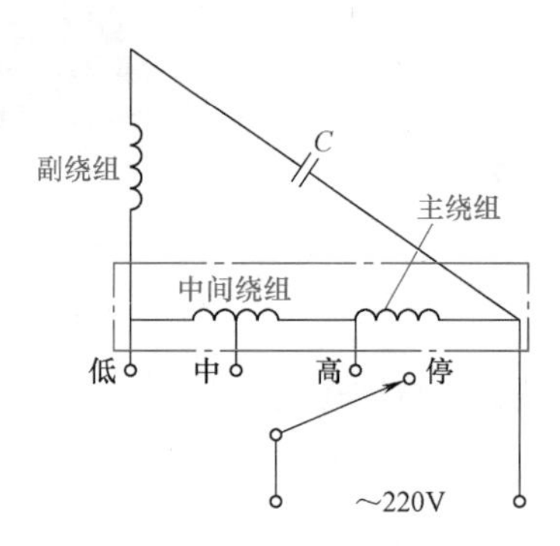

图 2-21 L-1 型绕组抽头调速电路

一、L-1 型绕组抽头调速电路

L-1 型绕组抽头调速电路如图 2-21 所示，在该电路中，中间绕组串联在主绕组支路，与主绕组同相位，且与主绕组嵌放于同一铁心槽中。不难看出，当转换开关拨到档位“高”时，电源电压全部加在主绕组上，使电动机获得高速运转；转换开关拨到档位“中”时，电源电压被中间绕组的部分线圈分去一部分，主绕组所获电压降低，只能“中”速运转；当转换开关拨到档位“低”时，中间绕组全部串入主绕组支路，分去主绕组更多电压，电动机只能“低”速运转。

二、L-3 型绕组抽头调速电路

如图 2-22 所示，中间绕组仍然与主绕组串联，并与之同相位。在电路结构上，与 L-2 型相比，只是主绕组与中间绕组在位置上进行了交换，其工作原理是相同的。

三、T 型绕组抽头调速电路

该电路如图 2-23 所示，它与上述电路在结构上的区别是，它的中间绕组接在主绕组和副绕组之外，既可以与主绕组同相位，也可与副绕组同相位。在定子铁心中，它还是与主绕组嵌放与同一铁心槽。从该电路的原理图中可以看出，在结构上与外置电抗器调速电路十分相似，其工作原理两者也相同。读者可参照电抗器调速电路自行分析。

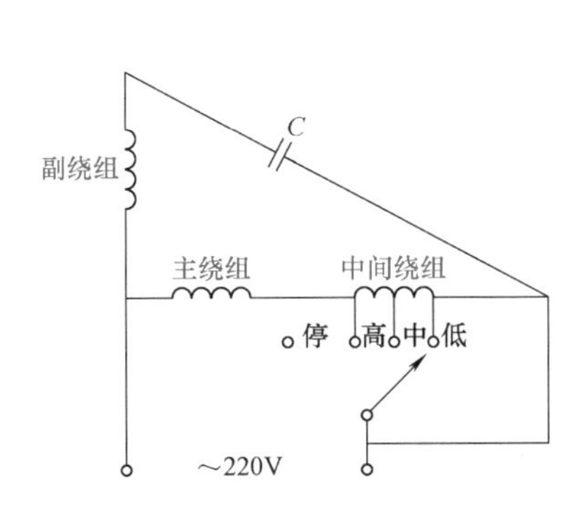

图 2-22　L-3 型绕组抽头调速电路

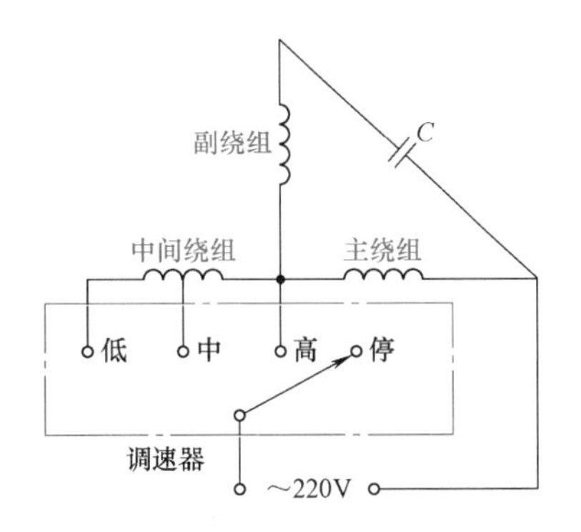

图 2-23　T 型绕组抽头调速电路

【任务评价】

1）检测转换开关在下列情况下的电阻值（Ω），并将检测结果计入表 2-8 中。

表 2-8　检测转换开关质量测评记录

开关位置	拨通位置“1”			拨通位置“2”			拨通位置“3”			配分	实得分
档位	接通 1	接通 2	接通 3	接通 1	接通 2	接通 3	接通 1	接通 2	接通 3		
电阻值										27	

2）检测电抗器绕组直流电阻和它对地绝缘电阻（Ω），并将检测结果计入表 2-9 中。

表 2-9　检测电抗器相关数据测评记录

电抗器抽头编号	1～3 间		1～2 间		2～3 间		绝缘电阻		配分	实得分
检测项目	万用表档位	电阻值	万用表档位	电阻值	万用表档位	电阻值	万用表档位	电阻值		
检测结果									24	

3）检测电路反转控制效果，并将检测结果计入表 2-10 中。

表 2-10　检测电动机反转控制效果测评记录

转换开关档位	转子转向（顺时针或逆时针）	转速/(r/min)	配　分	实得分
拨通 0～1			10	
拨通 0～2			9	

4）检测电动机调速电路的调速效果，并将检测结果计入表 2-11 中。

表 2-11　检测调速控制效果测评记录

调速电路类型	外置电抗器调速			绕组抽头调速（L-2 型）			配分	实得分
转换开关档位	拨通“高”	拨通“中”	拨通“低”	拨通“高”	拨通“中”	拨通“低”		
转　速							30	

1. 哪些电动机才具有反转控制功能？你有哪些办法使电动机反转？试说明其中的理由。
2. 在本项任务中所涉及的调速电路是通过什么途径实现调速的？
3. 电动机绕组抽头调速的本质是什么？它与外置电抗器调速有哪些异同点？

任务三　单相异步电动机绕组的拆换

【任务描述】

绕组的拆换是电动机维修中的难点，在技术上属于“大修”范围。鉴于单相电动机的大量普及，掌握这一技能显得更有必要。在本任务中，我们将进行拆除旧绕组，绕制并嵌放新绕组和通电测试等项目的训练，操作程序如图 2-24 所示。在电动机的绕组换新工序中，省去了烘烤与浸绝缘漆的步骤，本任务的实训程序为：

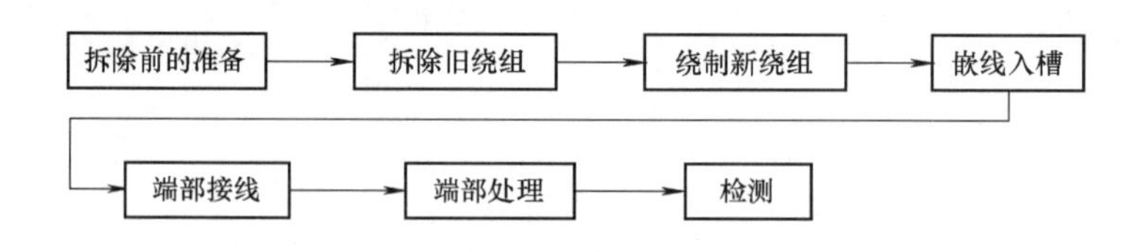

图 2-24　任务三的操作程序

在实施任务中要严格遵照电动机的科学数据并处理好各个部位的绝缘。如果在这两个关键问题上稍有失误，必将导致前功尽弃，严重将造成重大损失。

【任务目标】

1）掌握单相电动机绕组的拆卸。
2）掌握单相电动机绕组的绕制方法。
3）掌握单相电动机绕组的安装与检测方法。

【所需器材】

该项任务所需工具、仪表与器材见表 2-12。

表 2-12　任务三所需工具、仪表与器材

类别	名称	型号规格	数量	类别	名称	型号规格	数量
工具	划线板		1	仪表	万用表	MF47 型	1
	清槽片		1		绝缘电阻表		1
	划针		1		转速表	红外线型	1
	压脚		1	器材	电风扇电动机	无中间绕组	1
	绕线机		1		电磁线	0.27	适量
	绕线模		1		绝缘纸	0.20 聚酯薄膜	适量
	活扳手	8in	1		电容器	1.2μF/400V	1
	电工刀		1		绝缘软导线	红、兰、黑、绿、白色	适量
	錾子		1		绑扎线	普通棉织线	适量
	榔头	0.5lb①	1		绝缘套管	玻璃丝漆管	适量
	电烙铁	20W 内热 1	1				

① 1lb = 0.4535kg。

【任务实施】

一、拆除旧绕组，绕制并嵌放新绕组

1. 拆除旧绕组，记录相关数据

单相电动机体积小、功率小、绕组线径也小，旧绕组的拆除比较容易。一般不需加热拆除。都用冷拆法。冷拆法有多种，对于微型电动机，通常用以下两种方法：

方法一：用电工刀、尖嘴钳、划针等将旧绕组线圈从铁心槽中逐根或逐束拉出，其操作步骤如图 2-25 所示。

拆除旧绕组的工艺过程：① 全部解体电动机，将其他零部件妥善保存，只留下定子等待加工；② 用电工刀或清槽片除去定子铁心槽封口处的槽楔，剖开槽口绝缘物，如图 2-25a 所示；③ 用手或尖嘴钳逐根或逐束拉出槽内旧导线，如图 2-25b 所示；④ 除去铁心槽内残存的绝缘物，清洁铁心槽，为嵌放新绕组做好准备，如图 2-25c 所示；⑤ 安全要求：整个操作过程，切记要保护好铁心，特别是它的端部槽口部分。

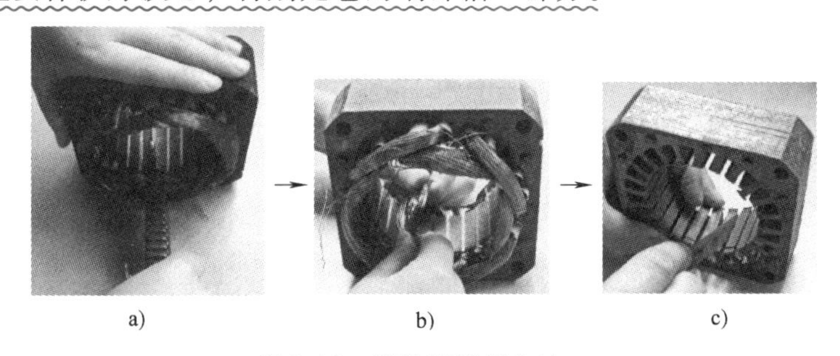

a)　　b)　　c)

图 2-25　拆除旧绕组方法一

a）剖开槽楔　b）从槽内取出绕组　c）清洁铁心槽

方法二：用錾子錾断绕组端部，再用铜棒将旧绕组逐槽捅出。这种方法的操作手法如图 2-26 所示。

工艺过程：① 将定子放在工作台上，下面垫好胶垫；② 两人操作时，可一人握牢定子，另一人用錾子和榔头逐槽錾断定子绕组端部（如有台虎钳，可将定子铁心夹紧在台虎钳上，一人操作即可），如图 2-26a 所示；③ 用横断面与铁心槽截面相近的铜棒，抵住铁心槽端部的绕组断面处，用榔头敲打，逐槽捅出旧绕组，如图 2-26b 所示；④ 清洁铁心槽，为嵌放新绕组做好准备，如图 2-26c 所示；⑤ 安全要求：实践上，这种操作方法比方法一更加简单快捷，但容易损坏铁心，特别是铁心两端的槽口部分。所以操作必须谨慎！

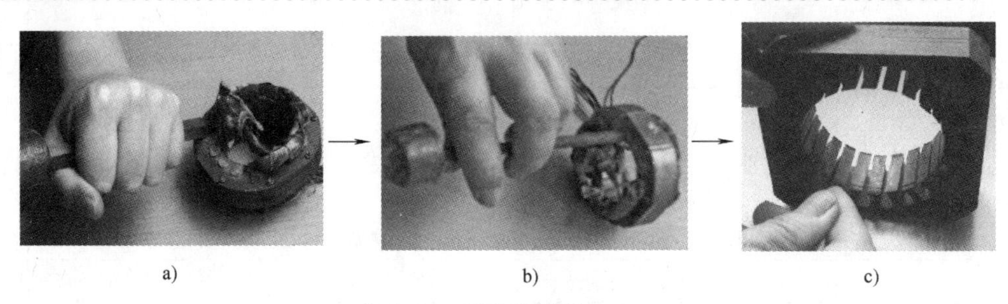

a) b) c)

图 2-26 折除旧绕组方法二

a）錾断绕组端部 b）捅出槽内绕组 c）清洁铁心槽

2. 记录相关数据

记录相关数据的目的是为制作、嵌放、连接新绕组做好准备。在拆除旧绕组之前或进行过程中，应该按照表 2-13 的要求记录数据，以供后边绕制新绕组、嵌放绕组、端部接线时使用。

表 2-13 电风扇电动机有关数据记录

<table>
<tr><td rowspan="2">铭牌数据</td><td>型号：</td><td>功率：</td><td>频率：</td><td>电压：</td><td>电流：</td><td colspan="2"></td></tr>
<tr><td>温升：</td><td>转速：</td><td>配用电容：</td><td></td><td></td><td colspan="2"></td></tr>
<tr><td rowspan="3">绕组数据</td><td>绕组名称</td><td>线径</td><td>支路数</td><td>节距</td><td>匝数</td><td>嵌线形式</td><td>端部伸出长度</td></tr>
<tr><td>主绕组</td><td></td><td></td><td></td><td></td><td></td><td></td></tr>
<tr><td>副绕组</td><td></td><td></td><td></td><td></td><td></td><td></td></tr>
<tr><td rowspan="2">铁心数据
/mm</td><td colspan="2">内径</td><td colspan="2">长度</td><td colspan="2">总槽数</td><td>槽深</td></tr>
<tr><td colspan="2"></td><td colspan="2"></td><td colspan="2"></td><td></td></tr>
</table>

3. 使用万能绕线模

以前绕制绕组都是手工制作绕线模，比较麻烦。现在一般都用市场所售的现成绕线模。由于一个绕线模上可以在一定范围任意调整尺寸，可以绕制多种不同尺寸和形式的绕组，习惯上又称万能绕线模，如图 2-27 所示。

它的使用方法是，首先确定绕组内径，接着松开绕线模上面的两颗蝴蝶螺钉，然后按照绕组尺寸的要求，根据铁支架上标明的周长尺寸调整两片模心中间的距离，使其中某一格的大小符合需求尺寸要求，最后固定两颗蝴蝶螺钉。

绕组内径的确定方法：一般是在拆除旧绕组时，留下一个完整绕组，它的内径就是新绕组的内径。

4. 绕制新绕组

用绕线机绕制新绕组的操作方法如图 2-28 所示。

绕制绕组步骤与工艺要求：

1）先将绕线模固定在绕线机转轴上。

2）将绕线机计数器指针调到零位，把将要绕制线圈的线头固定在绕线模的螺钉上。

3）右手在顺时针方向均匀摇动绕线机，左手掌握好电磁线在绕线模中的均匀分布，每匝绕组的排列要整齐，不得有交叉、曲折和打绞，如图 2-28a 所示。

4）按照绕组规定匝数（看绕线机计数器读数）绕制完成后，用扎线将绕组捆住以防散乱。再从绕线机上取下绕线模，最后从模芯上脱出线圈，如图 2-28b 所示。

图 2-27　万能绕线模

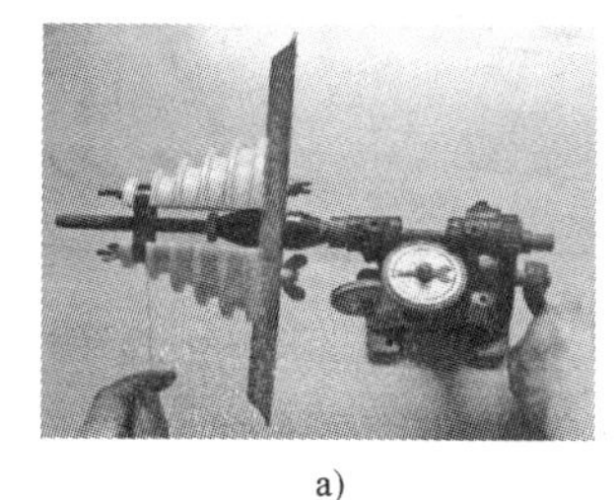

a)

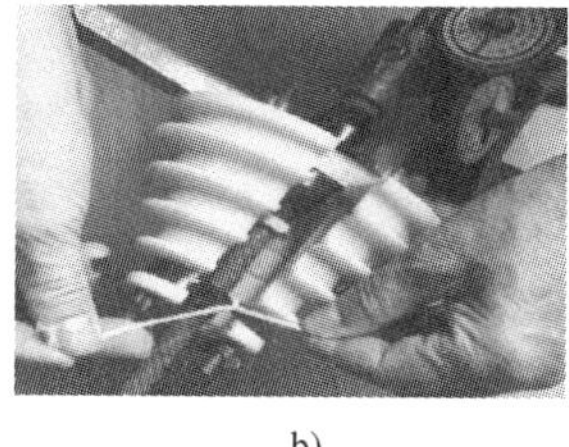

b)

图 2-28　绕制新线圈

a）绕制绕组　b）绑扎绕组

5. 嵌线入槽

嵌线入槽的操作步骤如图 2-29 所示。

嵌线步骤与工艺要求：

1）在定子铁心槽内安放槽绝缘（纸）。槽绝缘长度以两端伸出铁心端面 5～8mm 为宜，宽度以铺满铁心槽后伸出槽口部分两边各长 8～10mm 为宜（代替引槽纸，待线圈嵌入后剪去多余部分），如图 2-29a 所示。

2）将绕组有效边（嵌入铁心槽的边）放入引槽纸中间，沿着铁心轴向来回拉动导线，使其部分入槽，未入槽的，用划线板分束划入槽内并整理平整。若嵌线困难，可用压脚将槽内导线压紧，继续嵌线入槽，如图 2-29b 所示。

3）剪去引槽纸，用划针包卷槽绝缘使其包住槽内导线，再打入槽楔，如图 2-29c 所示。

4）全过程注意保护好导线，不得碰触铁心和硬金属，以免损伤绝缘，造成短路。

a)

b)

c)

图 2-29　嵌线顺序

a）安放槽绝缘　b）嵌线入槽　c）打入槽楔

6. 嵌线顺序

为形成旋转磁场，主、副绕组在空间位置上要形成90°电角度，所以主、副绕组都有严格的嵌线规律。

1）嵌线形式。电风扇电动机多为16槽4极，如前所述，它的极距为4，节距为3。它的绕组嵌线形式有两种：二平面式和单层链式。现在绝大多数使用二平面式。所谓二平面式是将主绕组嵌放在铁心中的一层（一般在外层），而副绕组嵌放在另一层（一般在内层），如图2-30a所示；单层链式绕组是主、副绕组互相交叠后一层绕组端部压在另一层绕组端部上，使端部呈链式形状，如图2-30b所示。

a)

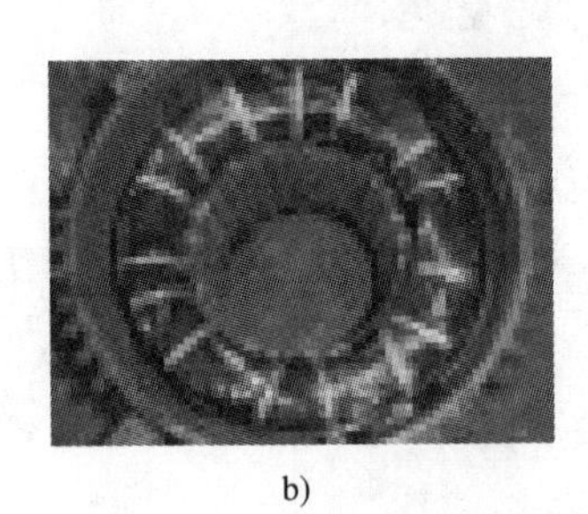

b)

图2-30　电风扇电动机绕组的两种形式

a）二平面绕组　b）单层链式绕组

2）嵌线顺序。绕组的嵌线顺序如图2-31所示。绕组的嵌线顺序：以不带圈的数字（如1、2、3……）表示铁心槽编号，以带圈的数字（如①、②、③…）表明绕组编号；

二平面绕组嵌线顺序如图2-31所示：

主绕组：①嵌2、5槽；②嵌6、9槽；③嵌10、13槽；④嵌14、1槽。

副绕组：①嵌4、7槽；②嵌8、11槽；③嵌12、15槽；④嵌16、3槽。

参照图2-31，单层链式绕组的嵌线顺序：

主①嵌2槽—副①嵌4槽—主①嵌5槽—主②嵌6槽—副①嵌7槽—副②嵌8槽—主②嵌9槽—主③嵌10槽—副②嵌11槽—副③嵌12槽—主③嵌13槽—主④嵌14槽—副③嵌15槽—副④嵌16槽—主④嵌1槽—副④嵌2槽。

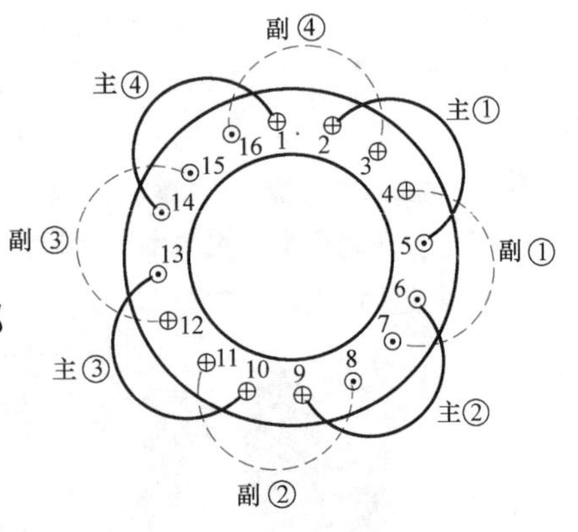

图2-31　嵌线顺序

二、连接线圈线头线尾，加工整理绕组端部

1. 清理各个线圈的首尾端

（1）清理每个线圈的引出线

全部线圈嵌完后，各个绕组的引出线如图2-32所示。

对于16槽电动机，共有8个线圈。每个线圈两根引出线。一共16根引出线。这16根引出线按照什么规律连接？怎样连接才能使主、副绕组之间在定子圆周上形成90°电角度的相位差？这其中的关键是要确定出每个线圈谁是线头，谁又是线尾。

（2）确定主线圈的线头、线尾

交流电是不断变化的，为了能确定线圈的线头和线尾，必须假定出某一时刻的瞬时电流方向。瞬时电流流进绕组用⊕表示，流出绕组用⊙表示，

在四极（两对磁极）电动机中，主、副绕组各有两对磁极，这里先分析主绕组磁极分布，从而确定其线圈首尾端（在主、副绕组中虽然各有两对磁极，但它们之间相同磁极相邻，所以电动机对外也只显两对磁极）。

从图2-33可以看出，主绕组所占铁心槽号为：（1、2）；（5、6）；（9、10）；（13、14）。

以主绕组①最先嵌入的2槽为进线（首端），即为⊕，为了形成一个磁极，主绕组④的1槽必然为进⊕，而主绕组①的跨距是2－5，则5槽电流为出⊙；同理，主绕组②的6槽为出⊙，9槽为进⊕；主绕组③的10槽为进⊕，13槽为出⊙；主绕组④的14槽为出⊙，1槽为进⊕。

结论：每个线圈以电流流入端为线头，流出端为线尾，由此才能形成图2-35中的四极磁场。

图2-32 各个绕组引出线

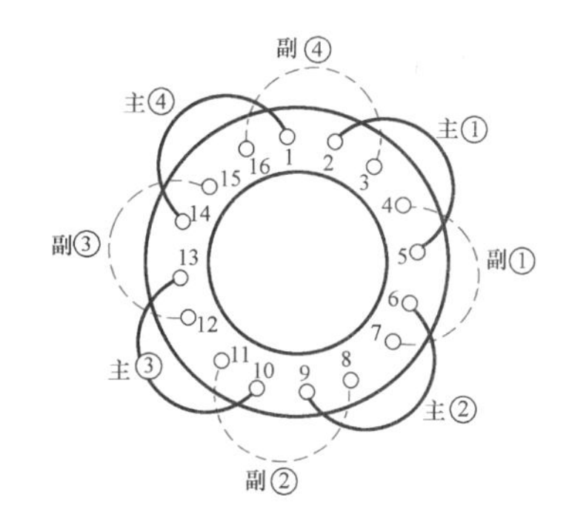

图2-33 主绕组中的瞬时电流和磁场

（3）确定副绕组各线圈的线头、线尾

>> **注意** 主绕组①首先嵌入了2槽，在分析绕组内部瞬时电流方向时将其定为⊕。而副绕组又首先嵌在4槽，为什么下面也会将它定为电流进⊕呢？

在前面的“知识链接”中讲过，这种16槽4极电动机，前一槽与后一槽之间的电角度为45°，要主、副绕组之间形成90°电角度的相位差，两绕组间必须相隔2槽，所以副绕组首先在4槽嵌线，且定为电流进⊕。

从图2-34中可以看出，副绕组占据的铁心槽号为第（3、4）、（7、8）、（11、12）和（15、16）。若副绕组①的第4槽为正⊕，则第7槽为⊙；副绕组②的第8槽为⊙，第11槽为⊕；副绕组③的第12槽为⊕，第15槽为⊙；副绕组④的第16槽为⊙，第3槽为⊕。

与主绕组标注法一样，标有“⊕”的，为副绕组线头，标有“⊙”的为副绕组线尾。从图2-36可以看出，副绕组也形成了4极磁场。

2. 将主绕组的4个线圈连接成完整

主绕组4个线圈连接成完整线圈的规律如图2-35所示。

电动机绕组换修的难点是端部接线，而端部接线的难点又是正确清理各个铁心槽中瞬时电流的方向。

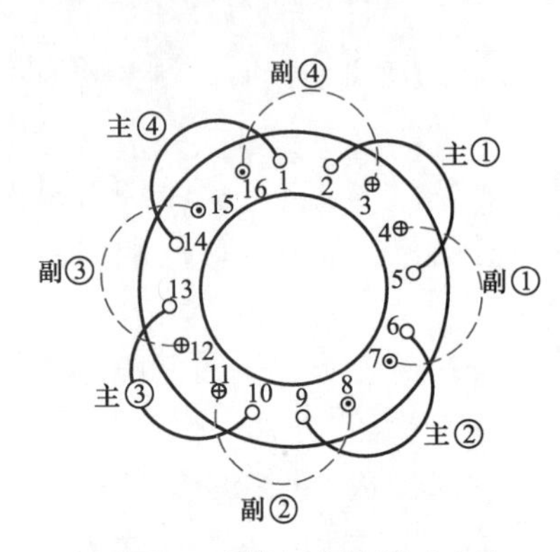

图 2-34　副绕组中的瞬时电流

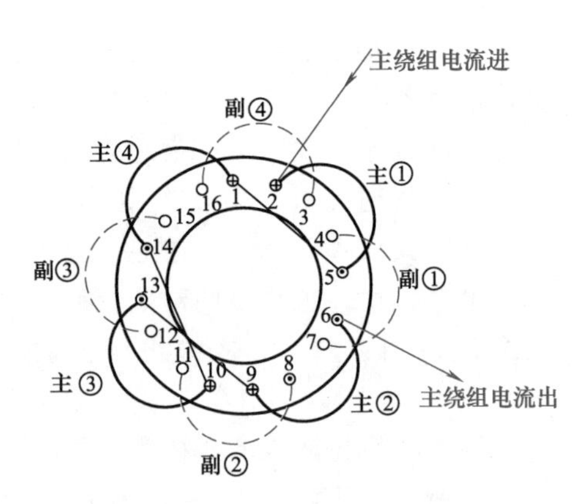

图 2-35　主绕组接线规律

确定电流方向后，将主绕组或副绕组各自的 4 个线圈连接成电流串联关系即可。即在绕组内部，电流从一个线圈流出⊙后，应该流入下一个线圈的⊕。

照此规律，外电流流进主绕组的第 2 槽后，从第 5 槽流出的电流，可以流进第 9 槽、第 10 槽、第 1 槽（即只要标有⊕的都可连线）。在这里我们将它连接到第 1 槽，由此形成了如下接线顺序：

首端（进线）（2－5）（1－4）（10－13）（9－6）

3. 将副绕组的 4 个线圈连接成完整绕组

副绕组中 4 个线圈的接线规律如图 2-36 所示。

副绕组 4 个线圈之间的接线规律与主绕组相似，只是为了使主、副绕组之间形成 90°电角度的相位差，副绕组与主绕组之间必须相隔 2 个铁心槽。

如前所述，以第 4 槽为副绕组的进线，则有：

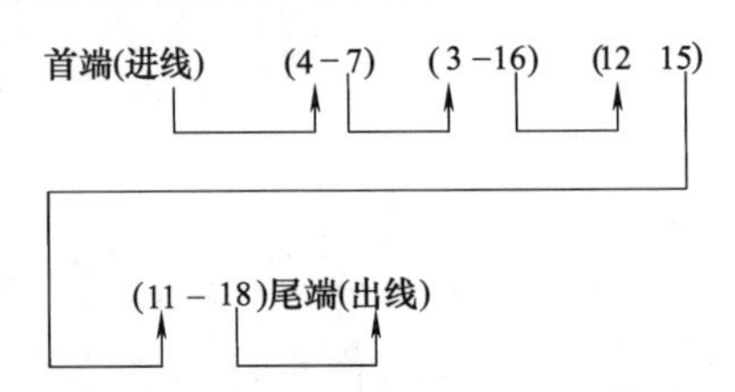

整个电动机的端部电源引出线的连接规律如图 2-37 所示。

从图 2-37 中可以看出，当主、副绕组各自内部的 4 个线圈连接完成后，只剩下 4 个线头，即主绕组的进出线头和副绕组的进出线头。

如果将主、副绕组的两根线尾焊接在一起作为公共端并用黑色软导线引出机壳，将主、副绕组的线头分别用红色和蓝色绝缘软导线连接也一并引出机壳。这就是电动机的三根电源引出线。由于起动电容器安放在机壳外，连接时还应在副绕组的一个端头上分断，引出其他颜色的两根绝缘软导线在机壳外接电容器。为了焊接线头线尾的方便，电动机中通常都配套一块专用焊接片，用于焊接绕组的首尾线头和引出线，最后连着所有引出线一起绑扎于绕组端部。

>> **注意**

在焊接主、副绕组尾端之前，应先检测主、副绕组各自的直流电阻和对铁心的绝缘电阻并作好记录。如有不合要求者，应立即处理。其检测方法在本任务的电动机检测部分介绍。

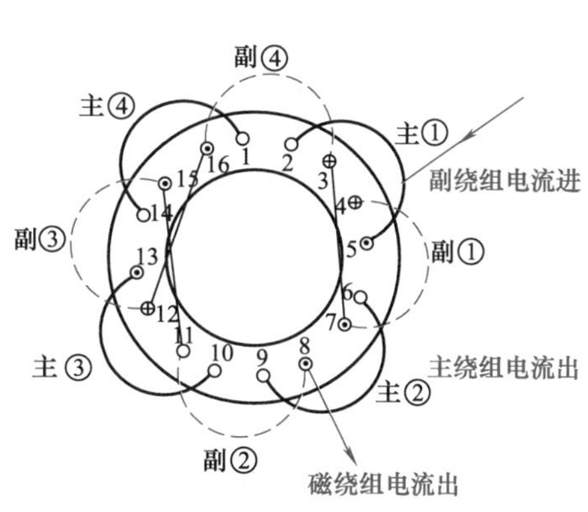

图 2-36　副绕组接线规律

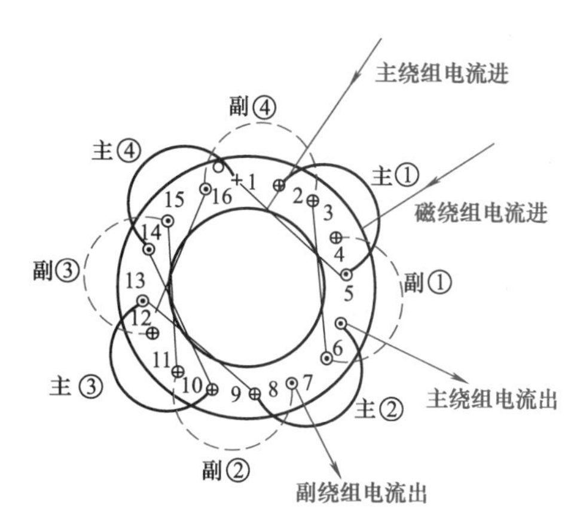

图 2-37　端部电源引出线

4. 绕组端部的处理

为了便于电动机的装配，在上述工序完成后，还需对绕组的两个端部加工，达到整齐、美观、紧实、耐用、便于转子进出的工艺要求。端部处理按以下步骤和工艺要求进行：

1）端部整形：端部整形的目的是将绕组端部整理规范、成形、结实并扩成喇叭口，便于转子进出；端部整形时，一般电动机用垫打板保护，再用榔头敲打。对于电风扇电动机，由于电磁线小，绕组比较柔软，可直接用手整形，扩成喇叭口，如图 2-38a 所示。

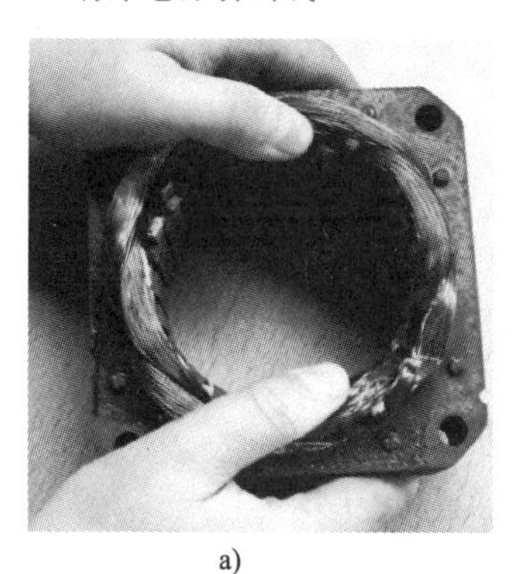
a)

2）安放端部绝缘纸：为了避免主、副绕组间发生短路，应在主、副绕组之间插入绝缘纸。安放时，先将绝缘纸剪成与绕组端部相同的形状，再用划线板理出缝隙后将绝缘纸插入，下端以插到接触铁心为止，如图 2-38b 所示。

b)

3）端部绑扎：绑扎时注意将连接线、引出线和焊片理顺，再用耐高温的棉织线绑扎如图 2-38c 所示。

到此，绕组换新已全部完成，接下来是整体装配，为下一步的检测做准备。

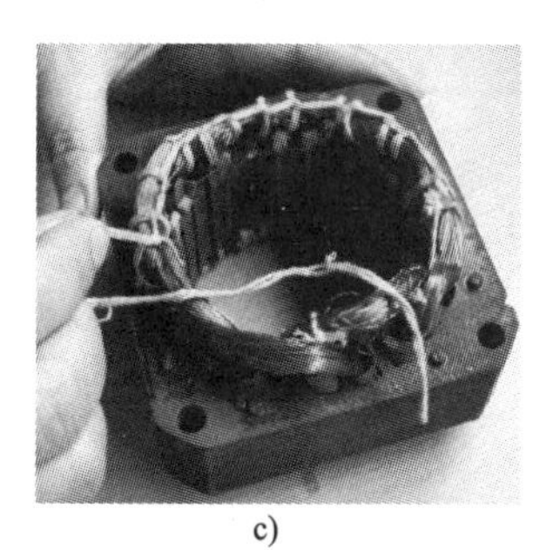
c)

图 2-38　端部处理
a）端部整形　b）安放端部绝缘
c）绑扎绕组端部

三、电动机的检测

1. 通电前的检测

（1）检查外观和装配质量

电动机装配完工后，注意检查外观：看零配件是否齐全到位、紧固件是否紧固、转子转动是否灵活、引出线及电容器的连接是否正确。

（2）检测绕组直流电阻

在焊接主、副绕组尾端时已经检查过它们各自的直流电阻并有数据记录，这里主要是复查，看装配后有无变化。

检测绕组直流电阻如图 2-39 所示。

1）用万用表或电桥检测“红”“黑”表笔之间的主绕组直流电阻。

2）检测“蓝”“黑”线之间的副绕组直流电阻。

3）检测“红”“蓝”线之间的直流电阻，应接近于主、副绕组直流电阻之和。

（3）检测绕组与铁心之间的绝缘电阻

1）检测绝缘电阻用绝缘电阻表，在检测前应校验绝缘电阻表是否工作正常，校验方法如图2-40所示。① 将绝缘电阻表引出线开路，均匀摇转手柄，在转速达 120r/min，指针应指向∞；② 在摇动手柄时，将两根引出线端的鳄鱼夹瞬间碰触，指针应立即指零。

满足上述两个条件的绝缘电阻表工作正常。

图 2-39　检测绕组直流电阻

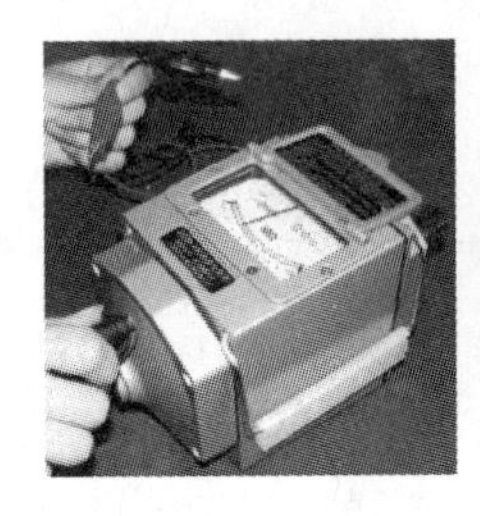

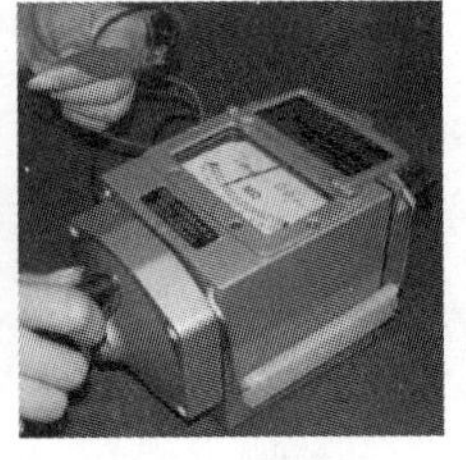

图 2-40　校验方法

2）检测绕组对铁心的绝缘电阻，将绝缘电阻表“L”接线端连接电动机电源引出线的任意一根线头，“E”接线端连接机壳，均匀摇转手柄，当转速达到 120r/min 左右时，表针平稳时所指示的数值，就是绕组对铁心的绝缘电阻，一般应大于 0.5MΩ，如图 2-41 所示。

2. 通电检查

（1）观察电动机的起动情况

在完成通电检查前的项目并确定无误的情况下，接通电源，观察电动机的起动和运转情况：起动是否顺利、转速是否均匀、机身是否抖动、有无不正常噪声等事项。如果正常，可以进行下面的检测。

（2）检测空载电流

检测空载电流的接线如图 2-42 所示。在检测前应该估算出空载电流的大概范围，以便正确选择交流电流表的量程。依据经难所得，1kW 单相负载的额定电流约为 4.5A，因此只

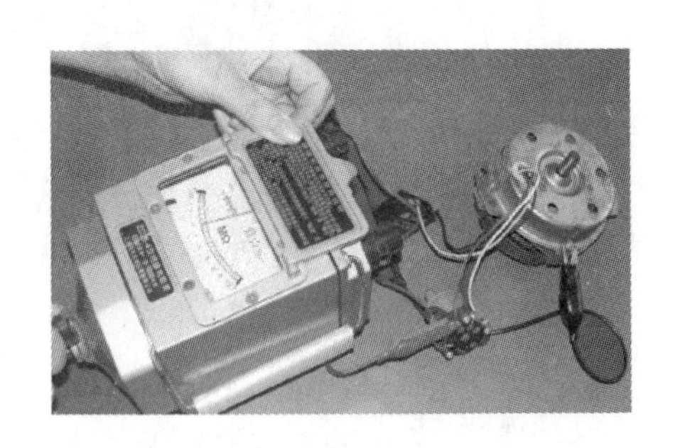

图 2-41　检测绕组绝缘电阻

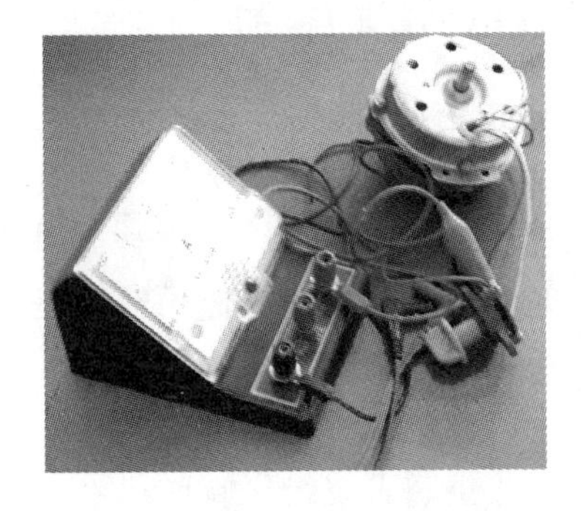

图 2-42　检测空载电流

要知道负载的功率，即可估算出它的负载电流范围。对于我们所用的电风扇电动机，通常在60～70W，我们以66W的电风扇电动机为例，则它的工作电流为4.5×0.066A，大约在300mA左右，选用500～1000mA的交流电流表即可测量。因为电动机属于电感性负载，起动电流大，电流表量程应选适当偏大的。

将交流电流表串入电动机外电路（主、副绕组的红色和蓝色线头已经合并），接通电源，使电动机通电运转，其正常的现象是，起动瞬间，电流很大，随着转速的升高，电路逐渐减小，当转速稳定后，电流亦随之稳定，这个稳定电流值就是该电动机的空载电流值。

图 2-43　检查电动机温升

（3）检查电动机温升

电风扇电动机属于微型电动机，检查其温升时用人体感触即可，如图2-43所示。

使电动机通电，连续运转30min以后（如果条件允许，最好是通电1h后检查），用手背触摸机壳，如果有温热的感觉，手背放在机壳上几分钟都能忍受，说明温升正常；如果机壳烫手，不能忍受，说明电动机过热，属于故障。

【相关知识链接】

电动机维修中的专用名词术语

一、极距

图2-44所示是16槽电风扇电动机铁心槽内绕组中瞬时电流流向和磁场分布情况。从图中可以看出，在这个电动机的定子铁心圆周产生了4个磁极（用右手螺旋定则判断），共有N、S两对磁极。磁极对数用P表示。所以这个电动机的磁极对数$P=2$。

这4个磁极分布在定子铁心上，如图2-45所示，即定子铁心圆周有720°电角度。

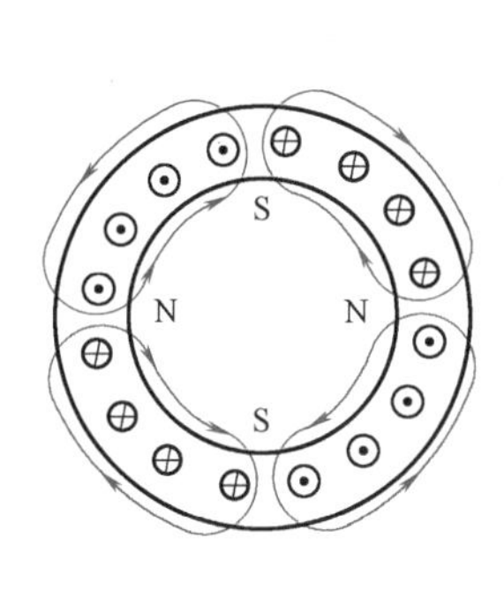

图 2-44　定子圆周电流和磁场分布

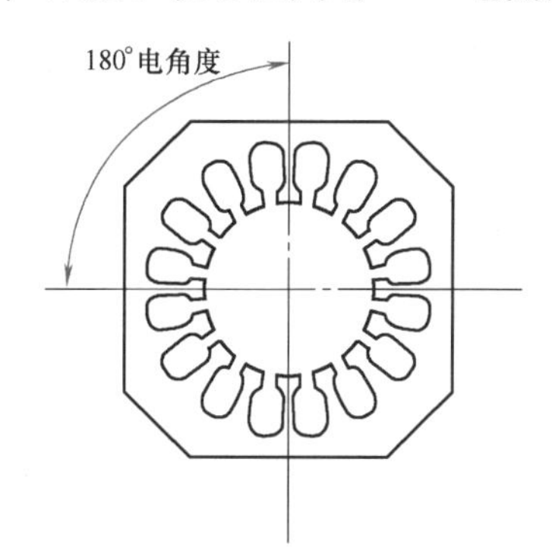

图 2-45　铁心圆周的电角度

极距，即为电动机两个异性磁极之间的距离，实用上多用铁心的槽数计算，有

$$\tau=\frac{z}{2P}$$

式中　z——定子铁心总槽数；

P——磁极对数。

对于16槽4极电动机，其极距 $\tau=\frac{z}{2P}=16/(2\times2)=4$（槽），如图1-27所示。

二、节距（又叫跨距）

节距指定子线圈两个有效边所跨的铁心槽数，用 Y 表示。极距为4的线圈，相当于从1槽跨4槽，即 Y 就是1跨4，即节距为 $Y=4-1=3$。

三、每极每相槽数（简称极相槽）

指的是在每一个磁极中，每相电流所占的铁心槽数，用 q 表示，有

$$q=\frac{z}{2Pm}$$

式中 q——极相槽；

m——电流相数。

在16槽4极电动机中，副绕组中的电流经电容器移相90°电角度后，与主绕组电流成了两相电流，所以 $m=2$，则这个电动机的每极每相槽数为

$$q=\frac{z}{2P}=16/(2\times2\times2)=2(\text{槽})$$

四、电角度

如果围绕定子圆周旋转一圈，计算成360°，这叫作机械角，但在电动机的相关计算中，技术上规定一对磁极（即一个N极，一个S极）所占铁心圆周为360°电角度，则每个磁极（即一个极距）就占180°电角度，4极电动机在定子圆周就占了720°，对于16槽电动机有

$$720°/16=45°$$

即相邻两铁心槽之间的电角度为45°。

以下四个检测项目，总配分100分。

一、拆除旧绕组

将在拆除旧绕组中所记录的相关数据和资料计入表2-14中。

表2-14　拆除旧绕组测评内容

项目内容	所用方法	使用工具	嵌线形式	匝数	周长	合计
检测内容						
配分	3	3	3	3	3	15
实得分						

二、绕线和嵌线

将你在绕线和嵌线过程中记录的相关内容和数据计入表2-15中。

表 2-15 绕线和嵌线测评内容

项目内容	槽绝缘尺寸		线圈数据		嵌线入槽(用铁心槽号表示)			合计
	长	宽	周长	匝数	嵌线形式	主绕组嵌线顺序	副绕组嵌线顺序	
检测结果								
配分	3	3	3	4	3	7	7	30
实得分								

三、端部接线

将你在端部接线的相关资料计入表 2-16 中。

表 2-16 绕组端部接线测评内容

绕组类型	主绕组	副绕组	合计
接线顺序			
配分	15	15	30
实得分			

四、绕组换修后的检测

绕组换修后，应对新绕组的安全性能进行检测，试将检测内容计入表 2-17 中。

表 2-17 对电动机检测项目结果的测评

检测项目	直流电阻/Ω		绝缘电阻/MΩ(绕组与铁心之间)	空载电流/mA	温升(手感)(填周长、不正常)	合计
子项目	主绕组	副绕组				
检测结果						
配分	6	6	6	3	4	25
实得分						

1. 简述极距、节距、极相槽、电角度的含义。试述在电动机修理中它们用在哪些地方？

2. 在主绕组内部 4 个线圈之间接线时，在图 2-41 中，如果主绕组的线圈①从第 5 槽出来后，不进第 1 槽而是进 9 槽，这样是否可行？试述主绕组这种连接方法的接线顺序。

3. 根据你的理解，在图 2-46 中假定主绕组电流从 5 槽流进，你能否用⊕表示电流流进，⊙表示电流流出来，标出右图中各绕组内的瞬时电流流向。

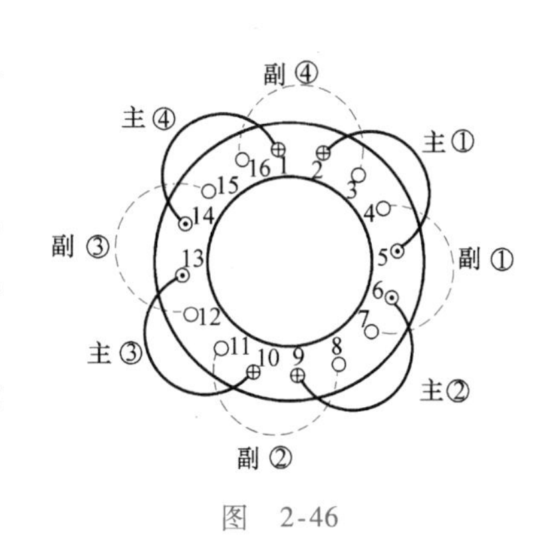

图 2-46

任务四　单相异步电动机常见故障的检修

【任务描述】

本任务中我们根据单相异步电动机故障现象分析总结出常见故障的检修方法，并展开项目练习。

【任务目标】

1）了解单相异步电动机常见的故障现象。

2）掌握单相异步电动机常见故障的分析方法。

3）能对简单的故障进行修复。

【所需器材】

检修单相异步电动机常见故障所需工具见表2-18。

表2-18　所需工具

序号	名称	型号规格	数量
1	电工刀		1
2	尖嘴钳		1
3	划针		1
4	电烙铁	恒温60W	1
5	万用表	MF47型	1
6	500V绝缘电阻表		1

【任务实施】

检查某单相异步电动机所存在故障，并根据表2-19所示单相异步电动机常见故障分析与检修思路一览表完成故障的检修。

表2-19　单相异步电动机常见故障分析与检修思路一览表

故障现象	故障原因分析与检修思路	操作示意图
通电后电动机完全无反应	1. 电源供电线路开路：故障点可能是熔断器熔断、线路焊点脱焊、线路中的金属芯线因受机械力损伤分断等。这种线路开路故障通常用万用表电阻档检测。如果线路正常，万用表读数趋于线路正常电阻值；如果其间有分断点，则所测电阻值远大于正常值甚至趋于∞ 2. 主绕组开路：主绕组开路检修难度较大，必须拆开电动机，取出定子检测。首先检测主绕组进线端与主、副绕组公共接线端之间的直流电阻，若为∞时，只要电源引出线完好，则必然是主绕组开路 至于要判断故障点在哪一个线圈上，可采用“分组淘汰法”，先焊开4个线圈的中间连接线，将其分为每两个线圈一组。再用万用表分别检测每组线圈，哪一组电阻值特大，故障就在这一组。按此规律，可很快找到故障线圈。至于故障点是在线圈端部还是在铁心槽中，端部故障点可用划线板拨开检查并焊接修复（注意处理好绝缘），若故障点在铁心槽内，只有换线圈	分组淘汰法测绕组开路故障点

（续）

故障现象	故障原因分析与检修思路	操作示意图
通电后电动机不转但有“嗡嗡”声，用外力推动转轴可沿外力方向旋转	1. 起动电容器损坏：这种电容器串入副绕组，通电后将单相交流电移相为互成90°电角度的两相电流，从而产生旋转磁场。如果起动电容器损坏，移相作用消失，电动机自然不能起动 电容器的质量检查常用万用表实现，将其置于R×10k档，当两支表笔刚接触电容器两极时，表针会在正方向摆动一个角度（电容量越大，摆动角度越大）。如果电容器正常，表针会很快回到原位。如果表针停在最大位置不动，说明电容器被击穿。如果表针摆回来一部分而回不到机械零位，说明电容器漏电。如果表针完全不动，说明电容器已经失效或开路。凡是有这几种故障都应换新 2. 副绕组开路：副绕组开路的现象与电容器损坏相同，都是使电动机不能起动。检查方法与检查主绕组开路相同	 检测电容器
通电后不转但有“嗡”声，外力推动转子也不转	这种故障的原因除主绕组内部接错以外，其余都由机械故障引起 1. 主绕组接错的检查：解开绕组端部绑扎线，按照图2-37主绕组的接线规律，逐个检查各个线圈首尾端的连接状况，如有错接，必须立即纠正 2. 轴承损坏卡住转子 3. 端盖装配不良造成转子单边 4. 转子严重摩擦定子 5. 转轴弯曲 左边四种原因的诊断方法是：关闭电源，直接用手指捻动转轴，如果转轴卡住，应拆开端盖依次检查轴承、端盖装配质量、转轴等是否正常	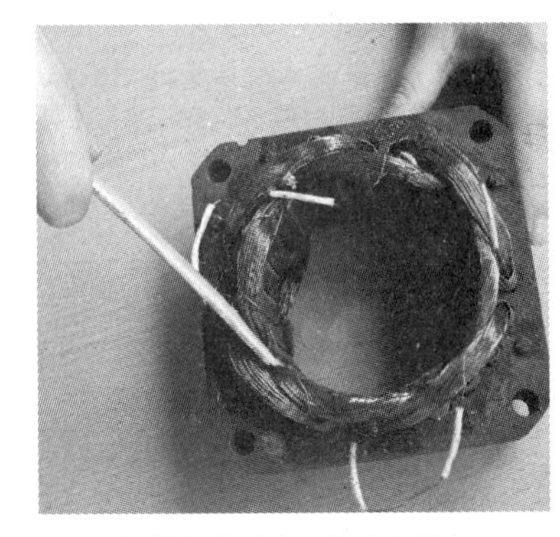 划线板分开绕组检查开路点
起动后转速明显低于正常值	在实训室出现这种故障，其可能原因及检修思路如下 1. 电源电压过低：用万用表交流电压档检查电源电压是否正常 2. 主绕组有较严重的短路或接错：主绕组是否接错，按上面所述方法检查；如果怀疑主绕组短路，先解开端部绑扎带，理出主绕组各线圈之间的连接线，在接头处移开套管，剥开绝缘层，用万用表检测每个线圈的直流电阻并进行比较，短路故障必然存在于电阻小的线圈中 3. 轴承发卡、转轴弯曲、转子碰触定子等机械故障参照上面检修方法进行	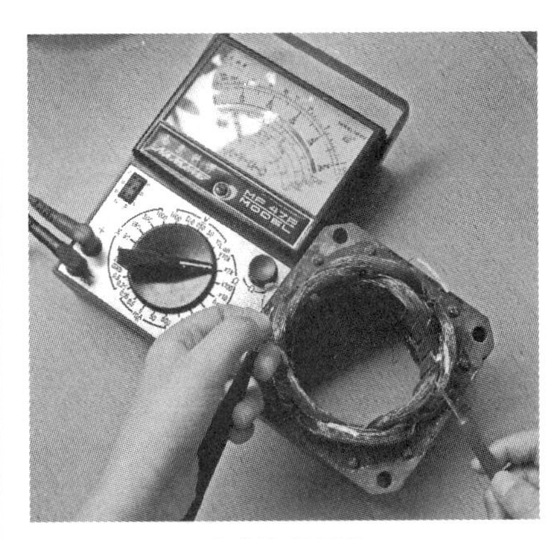 查主绕组短路

（续）

故障现象	故障原因分析与检修思路	操作示意图
电动机漏电，接触机壳有触电感觉	这类故障一般是电源电压漏电，使机壳带电所致，其检查方法为：将绝缘电阻表的“L”接绕组，“E”端接机壳，所测电阻值很小甚至为零，说明绕组对机壳短路（正常值应大于 0.5MΩ），确诊故障点的方法参照检查绕组短路故障的思路进行	 测绕组对外壳绝缘电阻
电动机温升过高	1. 轴承装配歪斜使转子运转发卡、轴承过于松旷、轴承润滑油干枯、轴承损坏。这种情况在轴承部位发热最明显。应参照上述方法检查轴承，必要时换新 2. 主绕组或副绕组内部短路或主、副绕组之间短路，主、副绕组接错，电动机严重受潮等，均可参照前述方法解决 3. 定子与转子摩擦，参照上述方法检查 4. 带有负载的电动机可能负载过重（实训室一般不存在）	

【任务评价】

将故障现象、发生故障的可能原因分析、检查故障所需工具、仪表及所查出的故障点计入表 2-20 中。

表 2-20　检修单相异步电动机故障测评记录

故障编号	故障现象	故障原因分析	检查故障程序	所用工具	故障点	配分	实得分
1						25	
2						25	
3						25	
4						25	
合　计						100	

在该任务测评中可能预设的故障点（仅供参考）

1. 电源线芯开断而表面绝缘层良好。
2. 电源线与绕组接头脱焊。
3. 主绕组或副绕组内部线圈之间的连接线脱焊。
4. 换上失效或开路的故障电容器。
5. 端盖装配人为倾斜，使转子受力单边。
6. 用过度松旷的轴承代替正常轴承。
7. 用调压器人为调低电源供电电压。
8. 将废弃轴承装入电动机内，将转子卡紧。
9. 解开绕组单边绑扎线，人为造成绕组接错或短路。
10. 在定、转子之间塞入竹楔等不太硬的杂物，使其旋转受阻。

安全要求：①在指导学生通电检测时，动作要快捷，通电时间尽量短，以保证电动机安全；②对所设故障点必须处理好绝缘，以保护人身安全；③凡有带电检查项目，必须有教师监护；④通电检测前应保证电动机装配完整（允许有机械故障）。

思考与练习

1. 在炎热的夏天，你家里的电风扇电动机突然不转了，而且停转后没有任何声响，你打算怎样处理？

2. 如果你家里的电风扇工作一段时间后，机壳烫得连手都不能触摸，你估计可能由哪些原因造成？

3. 一台电风扇通电后不转，只有轻微的“嗡嗡”声，如果拨动扇叶，它能按拨动方向旋转，试分析它是由哪些原因引起？

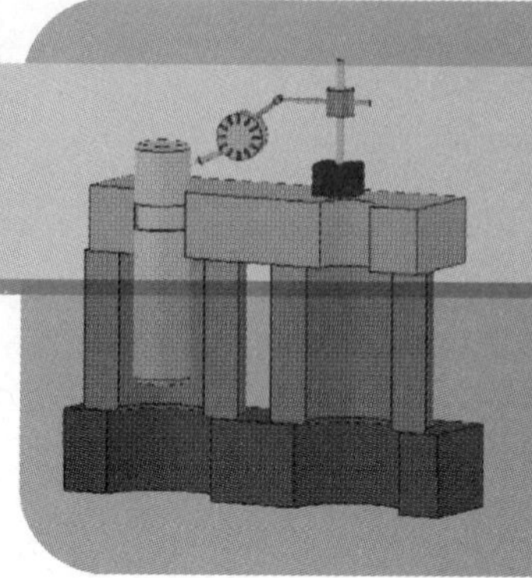

项目三 直流电动机的检修

直流电动机是将直流电能转换为机械能的电动机。直流电动机与交流电动机相比，具有调速方便、平滑、调速范围广的突出优点，广泛应用于轧钢机、电力机车、无轨电车、龙门刨床等对调速要求较高的生产机械。在不易获得交流电源的地方，例如汽车、船舶上也较多地使用直流电动机。图 3-1 所示是其应用的几个实例。

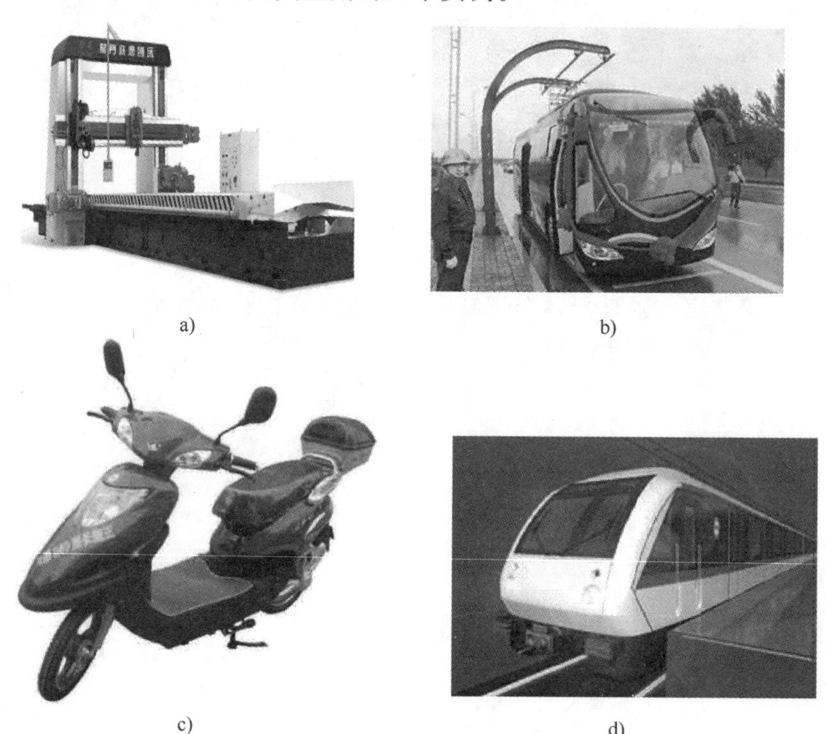

a) b) c) d)

图 3-1 直流电动机应用实例

a）龙门刨床 b）城市电车 c）电动自选车 d）地铁列车

【能力目标】

技能目标

1. 会拆卸和装配直流电动机。

2. 会连接直流电动机起动、反转和调速控制电路。
3. 会维修直流电动机的典型故障。

知识目标

1. 了解直流电动机的类型、结构与工作原理。
2. 了解直流电动机常用控制电路的结构与原理。
3. 熟悉直流电动机拆装、接线与检修中的工艺要求。
4. 了解直流电动机常见故障产生的原因及检修思路。

任务一　直流电动机的拆卸与装配

【任务描述】

由于直流电动机的应用广泛，在大量的微型电器、电动玩具中都使用，所以学习拆卸和装配直流电动机的知识和技能，对于电类专业学生是必不可少的。拆卸直流电动机的步骤为：拆除电源线→卸下轴承盖螺栓→取下轴承与外端盖→取出风扇→取出电枢→卸下电刷装置→卸下轴承。

【任务目标】

1）掌握直流电动机的拆卸流程。
2）会采取正确的操作方式进行直流电动机整体拆卸（该项任务不动绕组）。
3）能在拆卸过程中注意安全规范。

【所需器材】

本任务所需工具、仪表见表3-1。

表3-1　所需工具、仪表

名称	型号规格	数量
活扳手	6in 8in	1
橡胶锤	0.5lb	1
电烙铁	50W内热	1
万用表	MF47型	1
转速表	红外线型	1
电工刀		1
錾子		1

【任务实施】

一、直流电动机的组成

直流电动机保养和修理都需要进行拆装。掌握拆装的方法和技能，才能进行清洗零件和更换易损件的电动机保养工作，也便于电动机修理时进行空载检测、负载检测、耐压检测和调速等。

为了学会直流电动机的拆装，首先要了解直流电动机的组成。直流电动机的基本组成部分如图 3-2 所示。

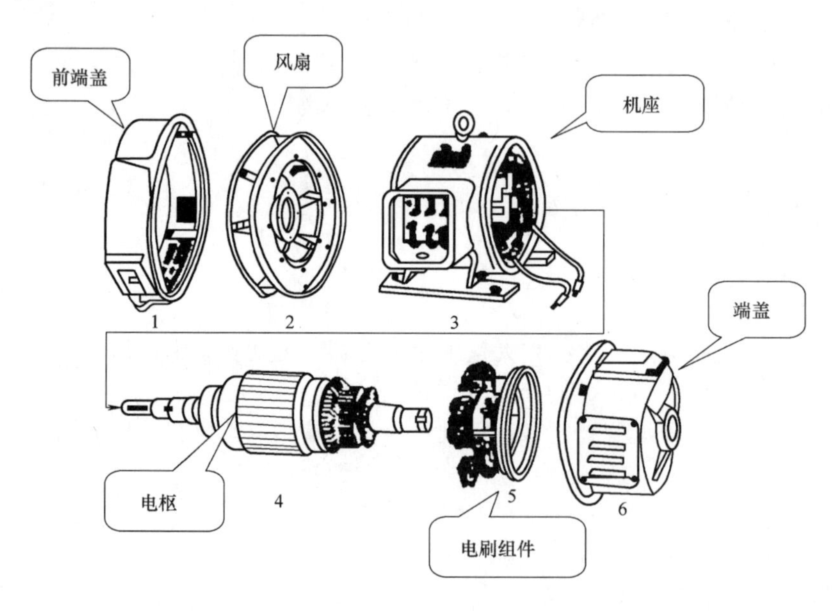

图 3-2　直流电动机基本组成部分

二、拆卸和装配直流电动机

直流电动机的拆卸步骤见表 3-2，装配跟拆装正好相反。

表 3-2　直流电动机拆卸步骤

步骤	图　示	说　明	步骤	图　示	说　明
1		卸下前端盖 拆除电动机的所有接线，松开端盖螺栓，拆下前端盖	3		拆除机座连线，拆下机座所有的连接线
2		卸下风扇	4		取出电枢，连同电刷和端盖。将电枢从机座中取出后放在木架上，并用布包好

（续）

步骤	图示	说明	步骤	图示	说明
5		取出电刷 打开端盖的通风窗，从刷握中取出电刷，再拆下接到刷杆上的连接线	6		拆除端盖 拆除轴伸端的端盖螺栓，把连同端盖的电枢从定子内小心地抽出

注意 直流电动机拆卸前应在刷架处，端盖与机座配合处等部位做好标记，便于装配。

【相关知识链接】

一、直流电动机的结构

直流电动机的结构如图 3-3 所示。

1. 定子

定子产生磁场并起机械支撑作用，它由主磁极、换向磁极、机座、端盖、轴承、电刷组件等部件组成。

（1）主磁极

主磁极作用是产生主磁通，它由铁心和励磁绕组组成，如图 3-4 所示。铁心一般用1～1.5mm 的低碳钢片叠压而成，小型电动机也有用整块铸钢磁极的。主磁极上的励磁绕组是用绝缘铜线绕制而成的集中绕组，与铁心绝缘，各主磁极上的线圈一般都是串联起来的。主磁极都是成对的，并按 N 极和 S 极交替排列。

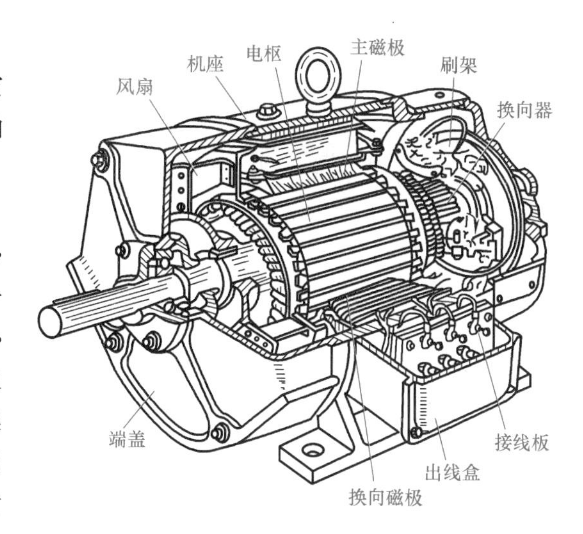

图 3-3 直流电动机的结构

（2）换向磁极

换向磁极作用是产生附加磁场，用以改善电机的换向性能，通常铁心由整块钢做成，换向磁极的组应与电枢绕组应串联。换向磁极装在两个主磁极之间，如图 3-5 所示。其极性在作为发电机运行时，应与电枢导体将要进入的主磁极极性相同；在作为电动机运行时，则应与电枢导体刚离开的主磁极极性相同。

（3）机座

机座一方面用来固定主磁极、换向磁极和端盖等，另一方面作为电机磁路的一部分称为磁轭，机座一般用铸钢或钢板焊接制成。如图 3-6 所示

（4）电刷组件

电刷组件在直流电机中，为了使电枢绕组和外电路连接起来，必须装设固定的电刷装

置，它是由电刷、刷握和刷杆座组成的，如图 3-7 所示。电刷是用石墨等做成的导电块，放在刷握内，用弹簧压指将它压触在换向器上。刷握用螺钉夹紧在刷杆上，用铜绞线将电刷和刷杆连接，刷杆装在刷座上，彼此绝缘，刷杆座装在端盖上。

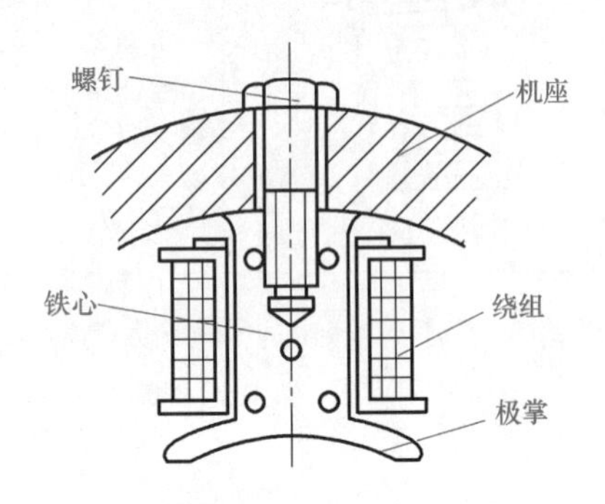

图 3-4　主磁极的结构图

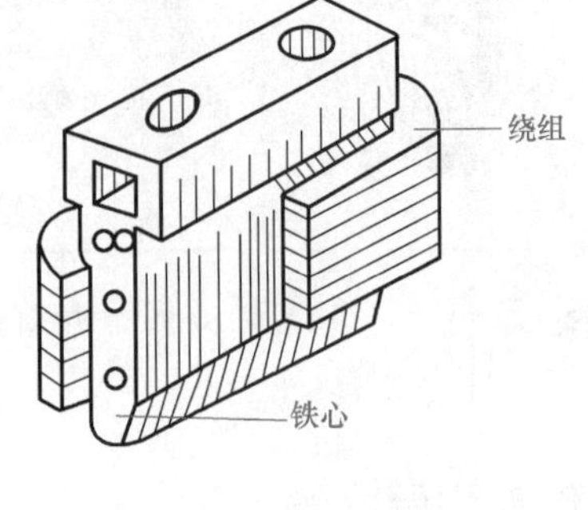

图 3-5　换向磁极

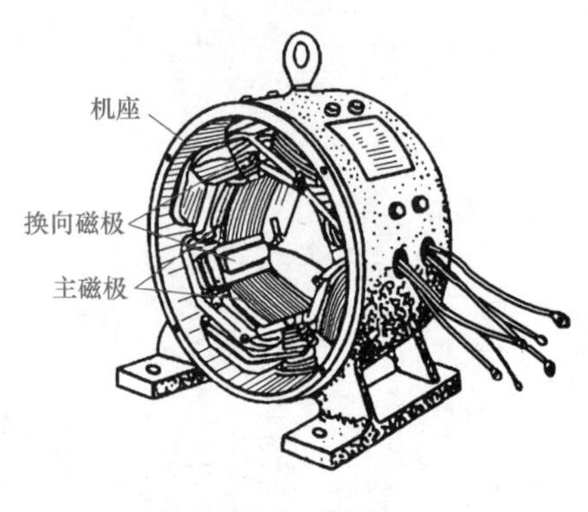

图 3-6　机座

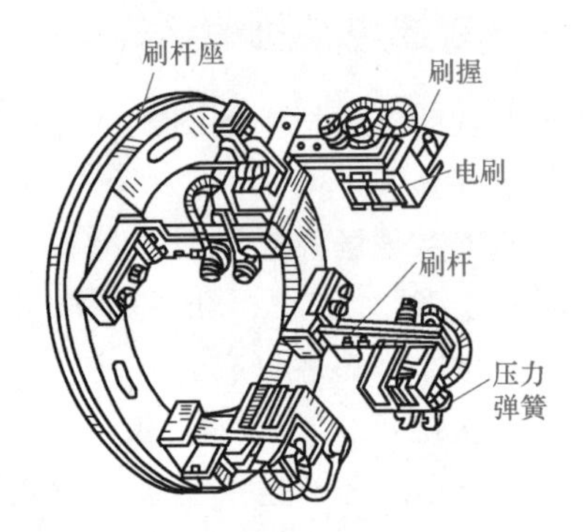

图 3-7　电刷组件

2. 转子（电枢）

转子的作用是产生电磁转矩和感应电动势，它是能量转换的枢纽。转子（电枢）由电枢铁心、电枢绕组、换向器、风扇、转轴等部件组成，如图 3-8 所示。

（1）电枢铁心

电枢铁心为电动机磁路的一部分，作用是通过磁通和安放电枢绕组。当电枢在磁场中旋转时，铁心将产生涡流和磁滞损耗。为了减少损耗，提高效率，电枢铁心一般用硅钢片冲叠而成。电枢铁心具有轴向冷却通风孔，如图 3-9 所示。铁心外圆周上均匀分布着槽，用以嵌放电枢绕组。

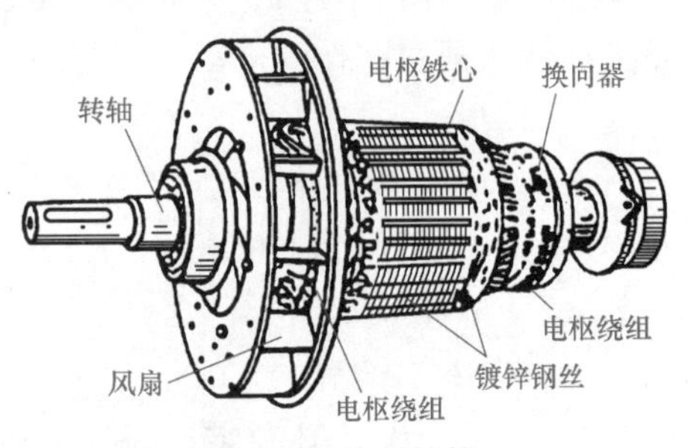

图 3-8　转子结构

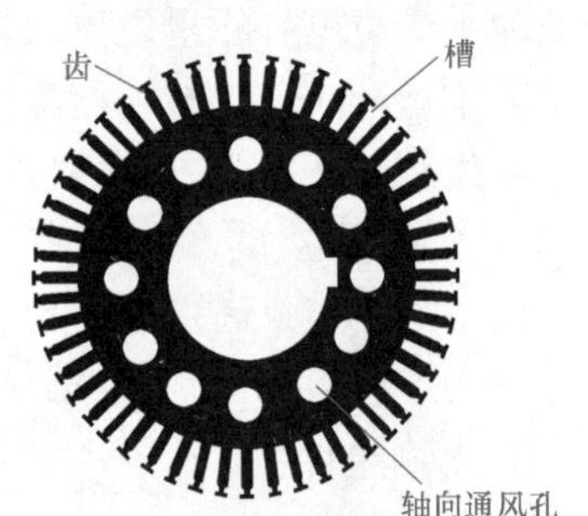

图 3-9　转子铁心片

(2) 电枢绕组

电枢绕组作为电动机电路的一部分，作用是产生感应电动势和通过电流产生电磁转矩，实现机械能与电能量转换。绕组通常用漆包线绕制而成，嵌入电枢铁心槽内，并按一定的规则连接起来。为了防止电枢旋转时产生的离心力使绕组飞出，绕组嵌入槽内后，用槽楔压紧；线圈伸出槽外的端接部分用无纬玻璃丝带扎紧，如图 3-10 所示。

换向器的结构如图 3-11 所示。它由许多带有鸽尾形的换向片叠成一个圆筒，片与片之间用云母片绝缘，借 V 形套筒和螺纹压圈拧紧成一个整体。每个换向片与绕组每个元件的引出线焊接在一起，其作用是将直流电动机输入的直流电流转换成电枢绕组内的交变电流，进而产生恒定方向的电磁转矩，使电动机连续运转。

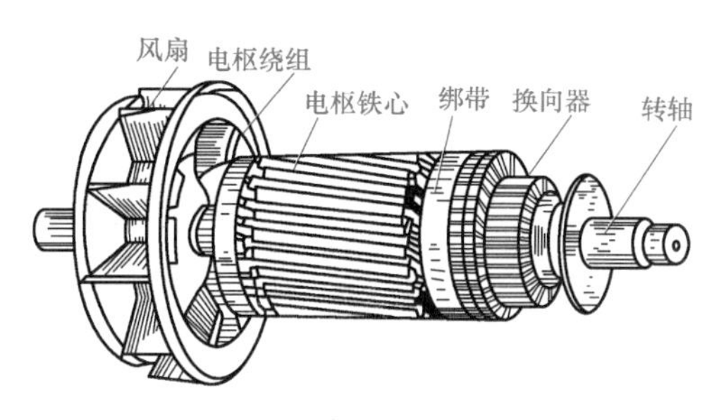

图 3-10 电枢绕组

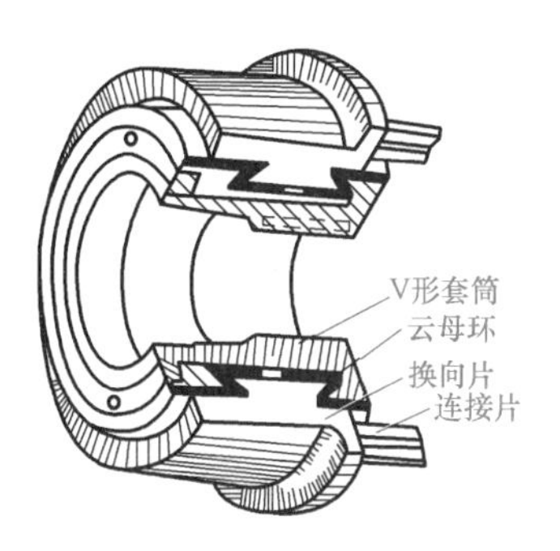

图 3-11 换向器的结构

3. 气隙

气隙指定子、转子之间的间隙。气隙是电动机主磁极与电枢之间的气隙，小型电动机的气隙为 1～3mm，大型电动机的气隙为 10～12mm。气隙虽小，因空气磁阻较大，在电动机磁路系统中有重要作用。

二、直流电动机的分类

直流电动机的种类很多，性能各异，分类方法也有很多。按励磁方式分类，有他励和自励两类，自励的励磁方式包括并励、串励、复励等，复励又有积复励和差复励之分，直流电动机励磁方式不同，使得它们的特性有很大的差异，从而使它们能满足不同生产的要求，如表 3-3 所示。

表 3-3 励磁的方式

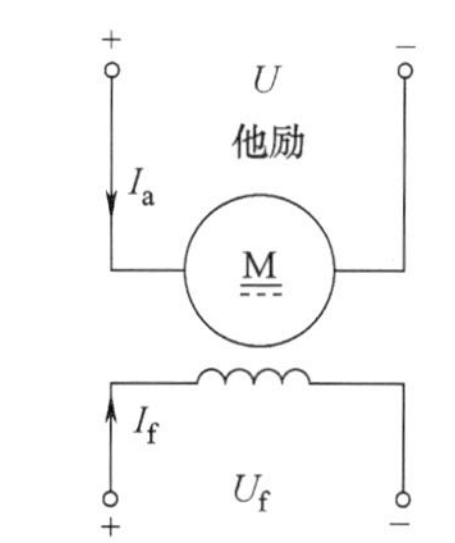	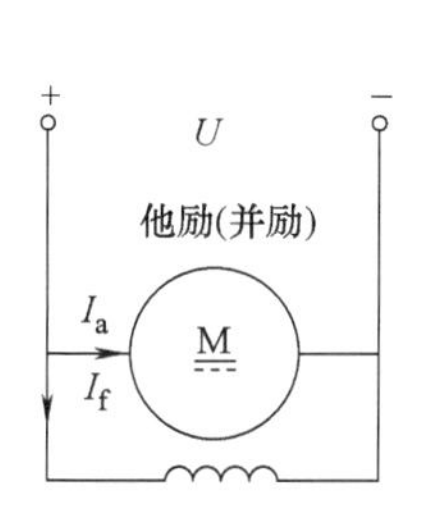	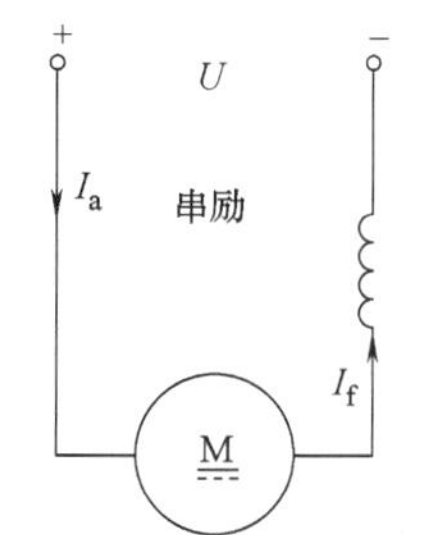	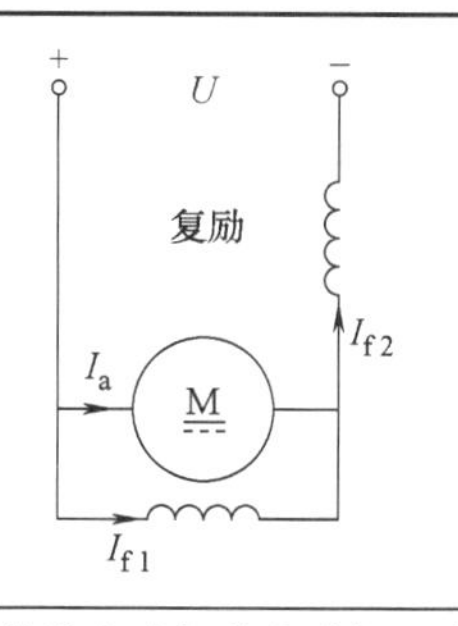
他励方式中，电枢绕组和励磁绕组电路相互独立，电枢电压与励磁电压彼此无关	并励方式中，电枢绕组和励磁绕组是并联关系，由同一电源供电	串励方式中，电枢绕组与励磁绕组是串联关系，共用一个直流电源	复励电动机的主磁极上有两部分励磁绕组，其中一部分与电枢绕组并联，另一部分与电枢绕组串联

三、直流电动机工作原理

1）如图 3-12a 所示，电流由 A 电刷流入，B 电刷流出，线圈 abcd 中的电流方向如图中箭头所示，用左手定则可判断出线圈在力矩作用下顺时针方向旋转。

2）如图 3-12b 所示，当线圈转到图中位置时，电刷 A 及 B 刚好处在两个换向器之间的空隙上，线圈中没有电流流过。

3）如图 3-12c 所示，线圈由于惯性仍继续转动，虽然线圈中导体在磁极中所处的位置正好与图 3-12a 中的位置相反，但由于换向器的作用，仍能保持在 N 极下的导体中的电流方向不变，即保证线圈所受力矩方向不变，从而使电动机按相同方向转下去。

4）如图 3-12d 所示，当线圈转到图中位置时，电刷 A 及 B 刚好处在两个换向器之间的空隙上，待线圈惯性转过该位置时，线圈中的电流再次换向。

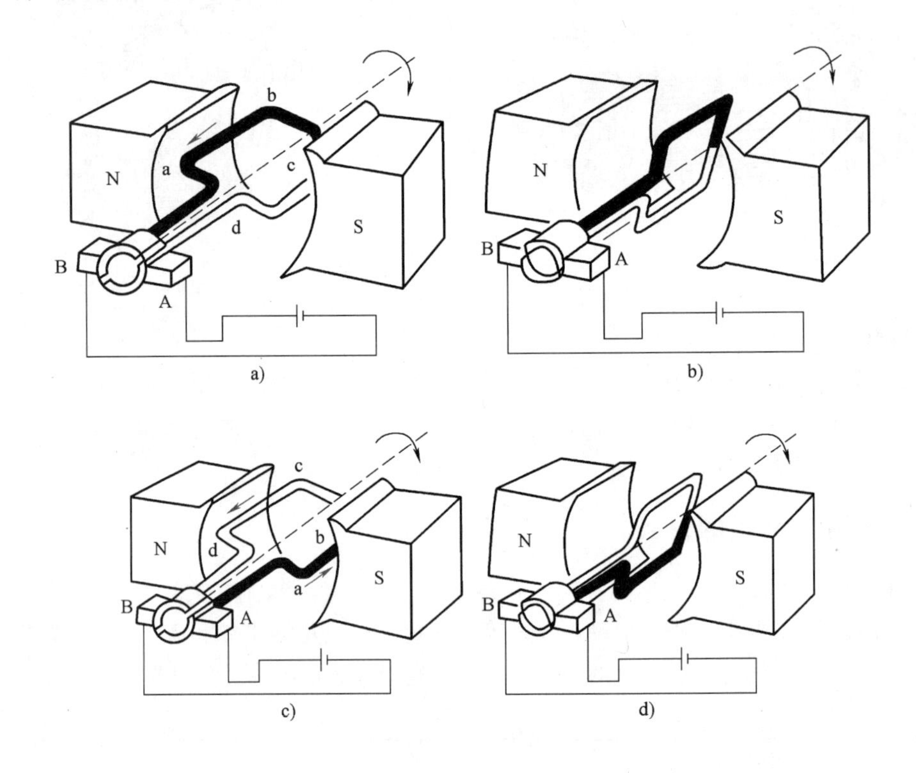

图 3-12　直流电动机工作原理

直流电动机的工作原理：在电枢线圈中通入直流电流，电枢在磁场中旋转，换向器和电枢一起旋转。电枢一经转动，由于换向器配合电刷对电流的换向作用，直流电流交替地由线圈边 ab、cd 流入。由此保证了每个磁极线圈边中的电流始终是一个方向，使电动机连续旋转。

四、直流电动机铭牌数据

直流电动机铭牌上的数据是额定值，可以作为选择和使用直流电动机的依据。直流电动机铭牌如图 3-13 所示。

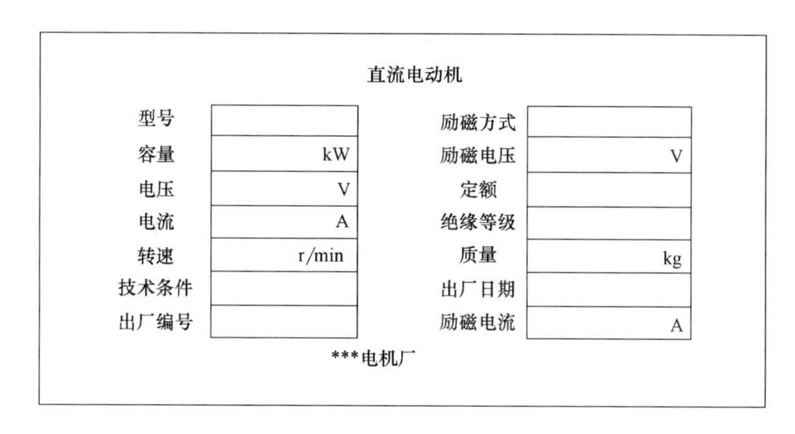
直流电动机

型号		励磁方式	
容量	kW	励磁电压	V
电压	V	定额	
电流	A	绝缘等级	
转速	r/min	质量	kg
技术条件		出厂日期	
出厂编号		励磁电流	A

***电机厂

图 3-13　直流电动机铭牌

1. 型号

型号包含电动机的系列、机座号、铁心长度、设计次数、极数等。

2. 额定功率（容量）

对于直流电动机额定功率为是指在长期使用时，轴上允许输出的机械功率，单位用 kW 表示。

3. 额定电压

对于直流电动机额定电压是指在额定条件下运行时从电刷两端施加给电动机的输入电压，单位用 V 表示。

4. 额定电流

对于电动机额定电流是指在额定电压下输出额定功率时，长期运转允许输入的工作电流，单位用 A 表示。

5. 额定转速

当电动机在额定工况下（额定功率、额定电压、额定电流）运转时，转子的转速为额定转速。单位用 r/min 表示。直流电动机铭牌往往有低、高两种转速，低转速是基本转速，高转速是指最高转速。

6. 励磁方式

励磁方式是指励磁绕组的供电方式。通常有自励、他励和复励三种。

7. 励磁电压

励磁电压是指励磁绕组供电的电压值，一般有 110V、220V 等，励磁电压单位是 V。

8. 励磁电流

励磁电流是指在额定励磁电压下，励磁绕组中所流通的电流大小，励磁电流单位是 A。

9. 定额

定额也就是电动机的工作方式，是指电动机在正常使用的持续时间。一般分为连续制（S1）、断续制（S2-S10）。

10. 绝缘等级

绝缘等级是指直流电动机制造时所用绝缘材料的耐热等级。一般有 B 级、F 级、H 级和 C 级。

11. 额定温升

额定温升指电动机在额定工况下运行时，电动机所允许的工作温度减去绕组环境温度的数值，单位用 K 表示。

12. 技术条件（标准编号）国家标准

例如：中小型直流机的型号：Z4-112/2-1 中 Z 为直流电动机；4 为第四次系列设计；112 为机座中心高，单位为 mm；2 为极数；1 为电枢铁心长度代号。

【任务评价】

将认识直流电动机的相关知识和数据记入表 3-4。

表 3-4 认识直流电动机的相关情况与数据检测记录

电动机系列、参数、形式	观测结果	配分	实际得分
型号		5	
励磁方式		5	
额定功率		6	
额定电压		6	
额定电流		6	
额定转速		6	
励磁电流		6	
合计		40	

学生（签名）　　　　测评教师（签字）　　　　时间

将直流电动机拆卸每步骤的操作内容、使用工具和工艺要点按要求记入表 3-5 中。

表 3-5 操作内容、使用工具和工艺要点

步骤	操作内容	使用工具	工艺要点	配方	实际得分
第一步				10	
第二步				10	
第三步				10	
第四步				10	
第五步				10	
第六步				10	
合计				60	

学生（签名）　　　　测评教师（签字）　　　　时间

1. 换向器的保养

（1）有轻微灼痕

用 0 号砂纸在旋转着的换向器上细细打磨，如图 3-14 所示。

（2）严重灼痕或粗糙不平、表面不圆或有局部凹凸

车削时，速度为 1 ~ 1.5m/s，进给量为 0.05 ~ 0.1mm/r，最后一刀背加刀量不大于 0.1mm。车完后，用挖削工具如图 3-15 所示，将片间云母下刻 1 ~ 1.5mm，然后再细细研磨。

清除换向器表面的切屑及毛刺等杂物，最后将整个电枢吹净装配。

换向器在负载下长期运转后，表面会产生一层坚硬的深褐色薄膜，这层薄膜能保护换向器不受磨损，因此要保存这层薄膜，不应磨去。

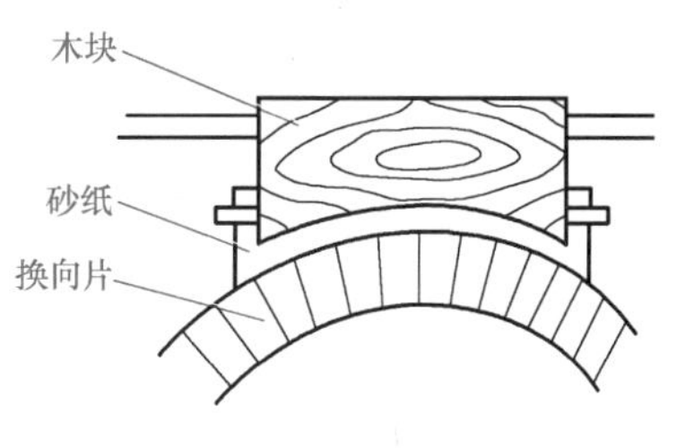

图 3-14 换向器的打磨

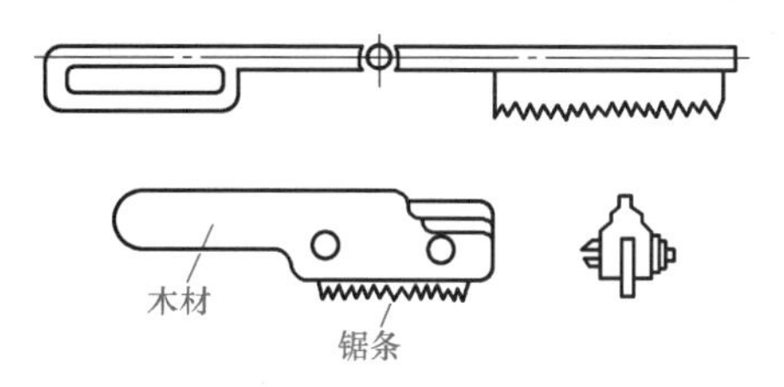

图 3-15 挖削换向器上云母片的工具

2. 电刷的使用及研磨

(1) 电刷压力

一般电动机的电刷压力应为 12 ~ 17kPa；经常受到冲击振动电动机的电刷压力应为 20 ~ 40kPa（各电刷压力偏差不超过 ±10%），电刷与刷握框配合须留有不大于 0.15mm 的间隙，如图 3-16 所示。

(2) 电刷磨损或碎裂

须换以相同规格（牌号及尺寸）的电刷，新电刷装配好后应研磨光滑。

(3) 研磨电刷的接触面

须用 0 号砂纸，砂纸宽度为换向器的长度，长度为换向器的周长，用橡皮胶布一半贴住砂纸的一端，另一半按转子旋转方向贴在换向器上，转动转子即可。研磨后接触面可达 90% 以上，如图 3-17 所示。

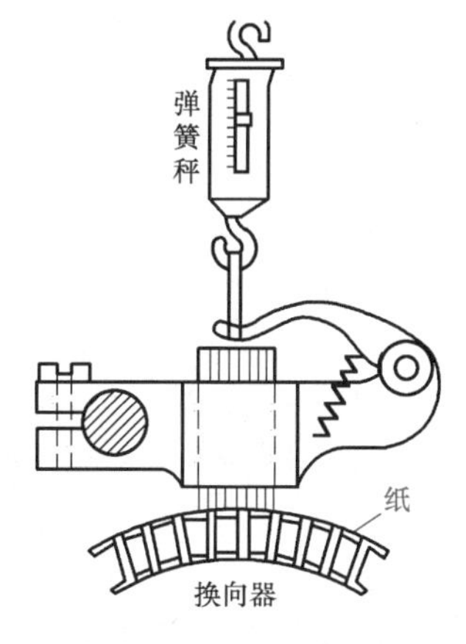

图 3-16 电刷压力测量

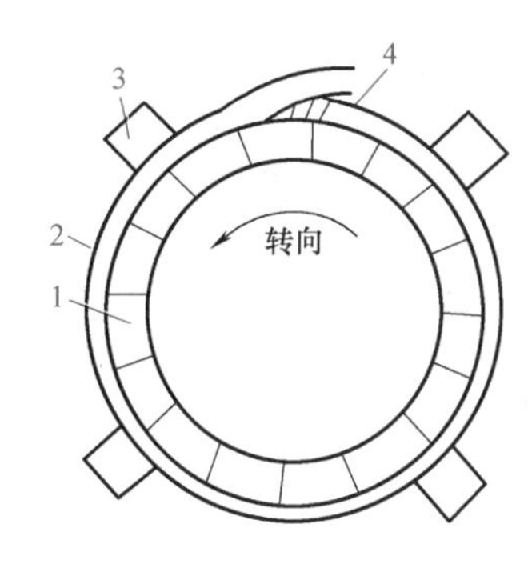

图 3-17 电刷的研磨

1—换向器 2—砂纸 3—电刷 4—橡皮胶布

3. 绕组的干燥处理

电动机的绝缘电阻如果低于 0.5MΩ 时，需要进行干燥处理。

电流干燥法顺序为打开机盖上各通风窗，拆开并励绕组出线头，将电枢绕组、串励绕组、换向极绕组接成串联，通入直流电，使之不超过铭牌额定电流的 50% ~60%，此时所加的电压为额定值的 3% ~6%。一般加热温度不超过 70℃。

对他励直流电动机，应事先用外力阻止轴的转动。因为励磁电源虽已切断，但由于它还具有剩磁，所以容易造成高速运转。

思考与练习

1. 直流电动机由哪些主要部件组成？各部件的作用是什么？
2. 简述直流电动机的换向及其改善方法。
3. 直流电动机的电枢铁心为什么要用硅钢片制造？能否用铸钢件代替？

任务二　直流电动机控制电路的连接

【任务描述】

在电力拖动系统中，电动机是原起动，起主导作用。电动机的起动、正反转和调速控制是衡量电动机运行性能的重要性能指标，有些是某些生产机械必须完成的动作，本任务分析他励直流电动机控制电路在此过程中电流和转矩的变化规律。

1）本任务包括连接他励直流电动机的起动、反转和调速控制电路三个内容。

2）连接范围规定为直流电动机的电源引出线与控制电器和室内电源之间，不涉及绕组内部。

3）控制电路连接完毕，必须通电检测其控制效果。

【任务目标】

1）掌握直流电动机的起动控制电路的连接与调试。

2）掌握直流电动机的正反转控制电路的连接与调试。

3）能对直流电动机调速电路的连接与调试。

【所需器材】

任务使用的工具、仪表见表3-6。

表3-6　使用工具、仪表

类别	名称	型号规格	数量	类别	名称	型号规格	数量
电工工具	螺钉旋具	一字型，3in	1	器材仪表	万用表	MF47	1
	螺钉旋具	十字型，3in	1		钳形电流表	MG20	1
	转速表	红外线型	1		起动器变阻器	Z-203	1
	转速表	636型	1		调速变阻器	BC1-300	1
	电烙铁	50W内热	1		熔断器	RC1A	2
	电工刀		1		直流电动机	Z4	1
	电抗器		1		导线	BVR-1.5	若干
	镊子		1				

【任务实施】

一、直流电动机的起动

直流电动机由静止状态加速到正常运转的过程，称为起动过程。直流电动机在刚起动瞬间转速 $n=0$，故反电动势 $E_a=C_e\phi_n=0$，此时电枢电流 I_a：

$$I_a=(U-E_a)/R_a=U/R_a=I_{st}$$

此时的电流称为起动电流，由于电枢绕组的电阻 R_a 很小，故起动电流必然很大，通常可达到额定电流的 10～20 倍，这样大的起动电流会引起电动机换向困难，并使供电线路产生很大的压降，因此，除小容量电动机外，直流电动机一般不允许直接起动。对起动的要求是最初起动电流 I_{st} 要小；最初起动转矩 T_{st} 要大；起动设备要简单、可靠。

利用起动器进行并励直流电动机起动，其电路如图 3-18 所示。

Z型起动变阻器RS外形图

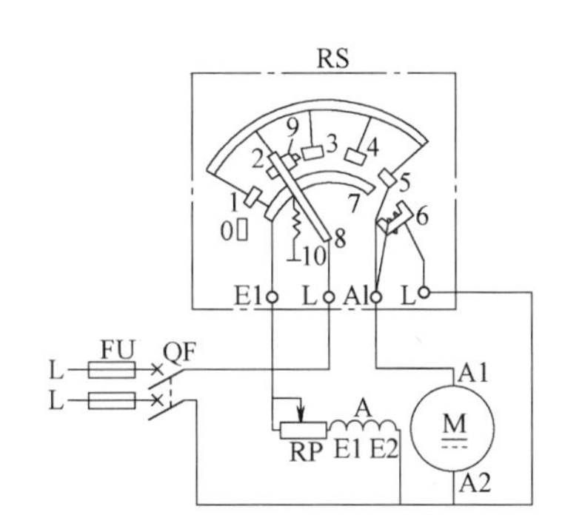

并励直流电动机起动器起动控制电路图

0～5—分段静触头　6—电磁铁　7—弧形铜条
8—手轮　9—衔铁　10—恢复弹簧

图 3-18　直流电动机用起动器起动的实训电路图

A1、A2 为电动机电枢绕组，E1、E2 为电动机励磁绕组，电路中使用了四点式起动变阻器 RS，它的 4 个接线端子 El、L+、A1、L-分别与电源、电枢绕组、励磁绕组相连。

步骤一：按图 3-18 接线，并检查确认接线无误。

步骤二：闭合电源开关 QF 前，让起动变阻器 RS 的手轮置于最左端的 0 位，调速变阻器 RP 的阻值调到 0。

步骤三：闭合电源开关 QF。慢慢转动起动变阻器手轮 8，使手轮从 0 位逐步转至 5 位，逐级切除起动电阻。在每切除一级电阻后要停留数秒钟，用转速表测量其转速值并填入表中。用钳形电流表测量电枢电流并观察电流的变化情况。

步骤四：停转时，切断电源开关 QF，并检查起动变阻器 RS 是否返回 0 位。

步骤五：起动器复位后，再次闭合 QF，重复三次起动操作，并记下每次的电流和转速数值。将上述起动过程中的电流、转速等相关数据记入表 3-7 中。

二、直流电动机的正反转

直流电动机正反转实训电路如图 3-19 所示。

表 3-7　直流电动机起动实训记录

项　　目	第一次	第二次	第三次
$n/(\mathrm{r/min})$			
I_L/A			

1. 直流电动机实现反转的两种措施

1）保持电枢绕组两端极性不变，将励磁绕组反接。

2）保持励磁绕组两端极性不变，将电枢绕组反接。

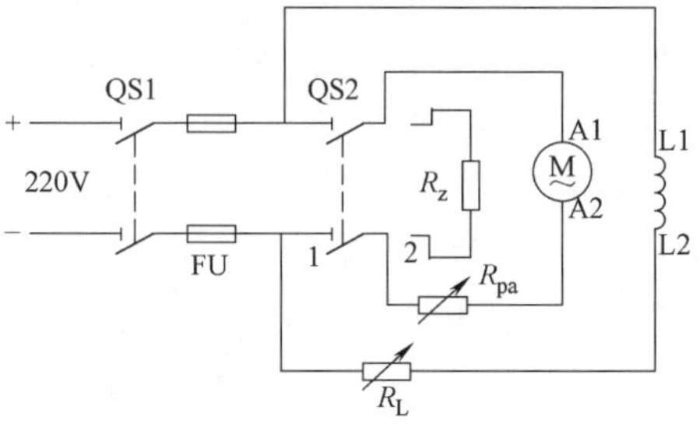

2. 操作步骤

步骤一：按图接好电路，并检查确认无误。

图 3-19　直流电动机正反转实训电路图

步骤二：将励磁调节电阻 R_L 置于最小位置，电枢调节电阻 R_{pa} 调至最大位置，开关 QS2 合至 1 位，然后接通 QS1，起动直流电动机，并观察电动机转向，记录在表 3-7 中，断开开关 QS1 使电动机停转。

步骤三：将电动机电枢绕组两端（A1、A2）连线对调，接通开关 QS1，起动电动机，观察此时旋转方向，记录在表 3-8 中，再次断开开关 SQ1。

步骤四：在步骤三的基础上，将电动机励磁绕组两端（L1、L2）连线对调，然后再闭合开关 QS1，起动电动机，并观察电动机的旋转方向，在表 3-8 中记下转向后，断开开关 SQ1、SQ2。

表 3-8　直流电动机正反转控制实训记录

1	未改变接线时的转向	做(顺、逆)时针转动(__________)
2	对调电枢绕组两端连线后的转向	做(顺、逆)时针转动(__________)
3	对调励磁绕组两端连线后的转向	做(顺、逆)时针转动(__________)

三、直流电动机的调速控制

利用可变电阻器进行电枢串电阻起动及调速，调速实训电路如图 3-20 所示。

按图接好电路，并确认无误后，将 QS 置于断开位置，电枢电阻 R_{pa} 置于最大位置，励磁电阻 R_L 置于最小位置；闭合 QS，则电动机进行电枢串电阻起动，观察起动效果，并将电枢电阻 R_{pa} 和转速记入表 3-9 中。然后通过改变励磁电流调速和改变 R_{pa} 调速。

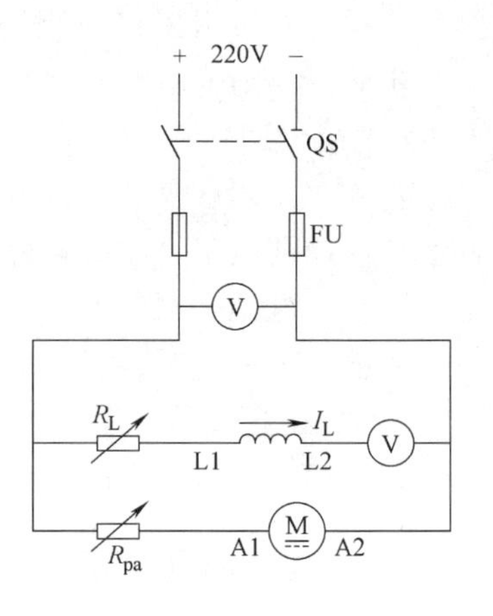

图 3-20　调速实训电路

1）电动机起动完毕后，立即将 R_{pa} 调至零，并测量此时电动机的转速 n 及励磁电流 I_L，随后逐渐增大 R_L，使 I_L 下降，n 上升，直至转速升高到 1.2Ω 为止。随后将 R_L 调回至零。每调一次，记下一组 n 及 I_L 数据，并记入表 3-9 中。

表 3-9　直流电动机改变励磁电流调速实训记录

项　　目	第一次	第二次	第三次
$n/(\mathrm{r/min})$			
I_L/A			

2）在 $R_L=0$ 时，逐步调大 R_{pa}，使转速 n 下降，直至 R_{pa} 为最大为止。此过程中将 n、R_{pa} 数据记录在表 3-10 中（R_{pa} 值应断电后进行测量，或根据设备情况进行估算）。

最后断开 QS，切断电源停机，拆除实验线路，并清理现场。

表 3-10　直流电动机改变电枢电阻 R_{pa} 调速记录

项　　目	第一次	第二次	第三次
$n/(\mathrm{r/min})$			
R_{pa}/Ω			

>> 注意

1）应用起动器起动直流电动机时，起动器手柄应该连续转动直至被锁住，手柄不可停留于中间任何位置。转动时不要太快，也不要太慢。

2）电动机失电停转后，起动器手柄要稍有延时再复位。若要重新起动电动机，一点要等起动器复位后才能进行；否则，电动机相当于直接起动，将产生很大的起动电流。

3）利用可变电阻器起动直流电动机前，一定要注意电阻位置（电枢电阻 R_{pa} 应置于最大位置，励磁电阻 R_L 置于最小位置），并要检查励磁回路，不允许开路。

4）按电路图正确接线，完成后由教师检查确认后方可开始下一步操作。

5）操作过程中，如遇异常情况，应立即断开电源开关。

【相关知识链接】

直流电动机的起动和调速方法

一、电动机起动方法

1. 直接起动

不需要起动设备，操作简单，但起动转矩大；缺点是起动电流过大，起动电流将引起电网电压的下降，影响到其他用电设备的正常工作，对电动机自身也会造成换向恶化、绕组发热严重，同时很大的起动转矩有可能损坏拖动系统的传动机构，所以直接起动只限于容量很小的直流电动机。

2. 减压起动

起动前将施加在电动机电枢两端的电压降低，以限制起动电流，为了获得足够大的起动转矩。要求在起动过程中能量损耗小，起动平稳，便于实现自动化，但需要一套可调节电压的直流电源，增加了设备成本投资。

3. 变阻起动

为了限制过大的起动电流，在起动过程中，可在电枢回路中串接电阻器以减小起动电流。在起动过程中，为了保证切除外加电阻时的电流不超过限定值，应采用随着转速的上升，逐级切除电阻的方式，完成电动机的分级起动。

二、直流电动机的调速

在工业生产中，有许多生产机械为了满足不同的生产工艺要求，需要改变工作速度，可以采用一定的方法，人为地改变电动机的转速，以满足生产的需要。在负载不变的情况下改变电动机转速的做法称为调速。

电动机调速性能的好坏，常用下列指标来衡量。①调速范围；②静差率（又称相对稳定性）；③速度的平滑性；④调速的经济性；⑤调速时电动机的容许输出等。

调速方法：①改变电枢电阻调速；②改变电枢电压调速；③改变磁通调速。

【任务评价】

本任务的评分标准见表3-11。

表 3-11 直流电动机拆装评价

项目内容	评分标准		配分	得分
选用元器件	选错型号和规格，每个	扣2分	5	
装前检查	1. 电动机质量检查，每漏一处 2. 电器元件漏检，每处	扣5分 扣1分	10	
安装	1. 电动机安装不符合要求 2. 其他元件安装不紧固 3. 电器布置不合理	扣10分 扣5分 扣5分	20	
接线	1. 不按电路图接线 2. 接线不符合要求，每个 3. 布线不符合要求，每根	扣10分 扣2分 扣2分	20	
通电试车	1. 操作顺序不对，每次 2. 第一次试车不成功 第二次试车不成功 第三次试车不成功	扣10分 扣20分 扣30分 扣40分	40	
安全文明生产	违反安全文明生产规程	扣5分	5	
总成绩			100	

学生（签名）　　测评教师（签字）　　时间

【任务拓展】

直流电动机电气制动的原理

直流电动机的制动可以分为机械制动和电气制动，其中机械制动常用的方法是电磁抱闸制动；电气制动的方法是使电动机产生一个与旋转方向相反的电磁转矩，阻碍电动机转动。常用的电气制动有反接制动、能耗制动和再生制动。

一、反接制动

反接制动是利用改变电枢两端电压极性或改变励磁电流的方向，来改变电磁转矩的方向，形成制动力矩，迫使电动机迅速停转。

并励直流电动机的反接制动是通过把正在运行的电动机的电枢绕组突然反接来实现的。

>> 注意

1）电枢绕组突然反接的瞬间，反电动势 E_a 数值未变，而外接电压方向相反，变为与 E_a 同方向，故在该瞬间加在电枢绕组上的电压接近两倍的端电压，会在电枢绕组中产生很大的反向电流，易使换向器和电刷产生强烈火花而损伤，故必须在电枢回路中串入附加电阻以限制电枢电流，附加电阻的大小可近似等于电枢的电阻值。

2）当电动机转速等于零时，应及时准确地切断电枢回路的电源，以防止电动机反转。

反接制动的优点是制动转矩比较大，一般用于要求制动强烈或要求迅速反转的场合。其缺点是需要从电网吸取大量的电能，而且对机械负载有较强的冲击作用。

转速反向制动法是强迫电动机的转速反向，使电动机的转速 n 的方向与电磁转矩 T 的方向相反，这种转速反向制动法，对于转速 n 的反向来说，相当于电枢被反接，因而称之为反接制动。

二、能耗制动

把电动机的电枢绕组从电源上切除后，让主磁极绕组仍接在电源上，产生恒定的主极磁通 Φ，电动机依靠惯性继续转动，电枢绕组切割主磁通 Φ 而产生感应电动势 E_a，此时电动机已处于发电机状态运行，若把脱离电源后的电枢绕组立即接到制动电阻上，在电阻 R 中产生电流，使转子惯性旋转的机械能转化成热能消耗在制动电阻上，此时，电枢电流与电动机电动状态时的电流方向相反，产生的电磁转矩是制动转矩，从而使电动机迅速停止转动。

三、再生制动

所谓再生制动是电动机在处于发电机状态下运行，将发出的电能反送回电网的制动方式。当直流电动机的转速超过了它的空载转速时，如果电动机的主极磁通 Φ 不变，则 $E_a > U$，此时电动机就处在发电机状态下运行，I_a 与 E_a 方向相同，并产生制动转矩，从而限制了电动机转动的速度，这就是再生制动。

当电车下坡以及起重机下放重物时，电动机都可能出现再生制动状态，电动机采用减压调速时，如果电枢电压下降得过多，电动机也有可能进入再生制动状态。

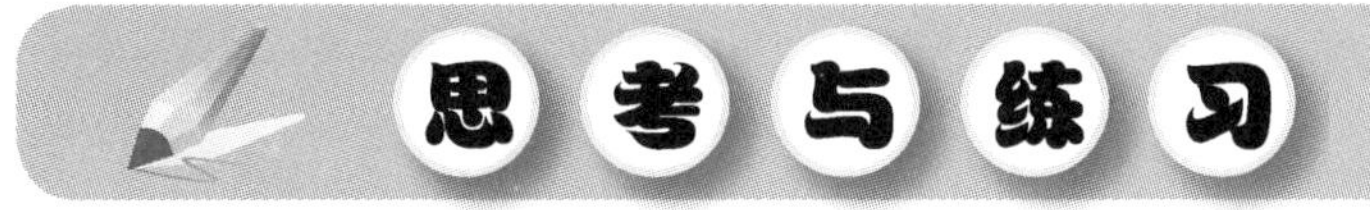

1. 直流电动机主要有哪几部分组成？各起什么作用？
2. 怎么实现直流电动机的反转？
3. 电刷处火花过大可能由哪些原因造成？

任务三　直流电动机的维修

直流电动机虽然结构较复杂，使用与维护较麻烦，价格较贵，但是由于其具有较好的调

速性能，较大的起动转矩等优点，在实际生产生活中得到了广泛应用，下面介绍直流电机常见故障及维修方法。

【任务目标】

1）掌握直流电动机的使用方法。

2）掌握直流电动机的维护方法。

3）会分析直流电动机的常见故障类型并能进行基本的故障处理。

4）会对直流电动机的电枢和换向片故障进行检修。

【所需器材】

同项目三任务二。

【任务实施】

直流电动机的常见故障及排除见表3-12。

表3-12　常见故障及排除

故障现象	可能原因	排除方法
不能起动	1. 电源无电压 2. 励磁回路断开 3. 电刷回路断开 4. 有电源但电动机不能转动	1. 检查电源及熔断器 2. 检查励磁绕组及起动器 3. 检查电枢绕组及电刷换向器接触情况 4. 负载过重或电枢被卡死或起动设备不合要求,应分别进行检查
转速不正常	1. 转速过高 2. 转速过低	1. 检查电源电压是否过高,主磁场是否过弱,电动机负载是否过轻 2. 检查电枢绕组是否有断路、短路、接地等故障;检查电刷压力及电刷位置;检查电源电压是否过低及负载是否过重;检查励磁绕组回路是否正常
电刷火花过大	1. 电刷不在中性线上 2. 电刷压力不当、与换向器接触不良、电刷磨损或电刷牌号不对 3. 换向器表面不光滑或云母片凸出 4. 电动机过载或电源电压过高 5. 电枢绕组或磁极绕组或换向极绕组故障 6. 转子动平衡未校正好	1. 调整刷杆位置 2. 调整电刷压力、研磨电刷与换向器接触面、淘换电刷 3. 研磨换向器表面及下刻云母槽 4. 降低电动机负载及电源电压 5. 分别检查原因 6. 重新校正转子动平衡
过热或冒烟	1. 电动机长期过载 2. 电源电压过高或过低 3. 电枢、磁极、换向极绕组故障 4. 起动或正反转过于频繁	1. 更换功率较大的电动机 2. 检查电源电压 3. 分别检查原因 4. 避免不必要的正反转
机座带电	1. 各绕组绝缘电阻太低 2. 出线端与机座相接触 3. 各绕组绝缘损坏造成对地短路	1. 烘干或重新浸漆 2. 修复出线端绝缘 3. 修复绝缘损坏处

1. 电枢绕组故障的检修

（1）电枢绕组接地故障

这是直流电动机绕组最常见的故障，通常发生在槽口处和槽内底部，对其的判定可采用校验灯法或绝缘电阻表法。如图 3-21a 所示，校验灯法是将 36V 低压电源通过额定电压为 36V 的低压照明灯后，连接到换向器片上及转轴一端，若灯泡发亮，则说明电枢绕组存在接地故障。绝缘电阻表法是测量电枢绕组对机座的绝缘电阻，如阻值为零则说明电枢绕组接地。或者用图 3-21b 所示的毫伏表法进行判定。特别是具体测哪个槽的绕组元件接地时，则需用图 3-21b 所示的毫伏表法进行判定。将 6～12V 低压直流电源的两端分别接到相隔 $K/2$ 或 $K/4$ 的两换向片上（K 为换向片数），然后用毫伏表的一支表笔触及电动机轴，另一支表笔触在换向片上，依次测量每个换向片与电动机轴之间的电压值。若被测换向片与电动机轴之间有一定电压数值（即毫伏表有读数），则说明该换向片所连接的绕组元件未接地；相反，若读数为零，则说明该换向片所连接的绕组元件接地。最后，还要判明究竟是绕组元件接地还是与之相连接的换向片接地，将该绕组元件的端都从换向片上取下来，再分别测试加以确定。

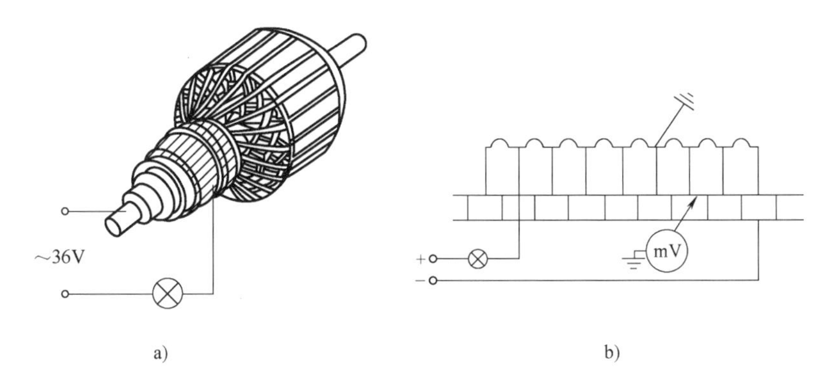

图 3-21 电枢绕组接地故障检测

a）校验灯法 b）毫伏表法

电枢绕组接地点找出来后，可以根据绕组元件接地的部位，采取适当的修理方法。若接地点在元件引出线与换向片连接的部位，或者在电枢铁心槽的外部槽口处，则只需在接地部位的导线与铁心之间重新进行绝缘处理。若接地点在铁心槽内，一般需要更换电枢绕组。如果只有一个绕组元件在铁心槽内发生接地，而且电动机又急需使用时，可采用应急处理方法，即将该元件所连接的两换向片之间用短接线短接，此时电动机仍可继续使用，但是电流及火花将会有所加大。

（2）电枢绕组短路故障

若电枢绕组严重短路，会将电动机烧坏。若只有个别线圈发生短路时，电动机仍能运转，只是使换向器表面火花变大，电枢绕组发热严重，若没有及时发现并加以排除，则最终也将导致电动机烧毁。因此，当电枢绕组出现短路故障时，必须及时予以排除。

电枢绕组短路故障主要发生在同槽绕组元件的匝间短路及上下层绕组元件之间的短路，查找短路的常用方法有：

1）短路测试器法。与前面查找三相异步电动机定子绕组匝间短路的方法一样，将短路测试器接通交流电源后，置于电枢铁心的某一槽上，将断锯条在其他各槽口上平行移动，若出现较大幅度的振动，说明该槽内的绕组元件存在短路故障。

2）毫伏表法。如图 3-22 所示，将 6.3V 交流电压（用直流电压也可以）加在相隔 $K/2$ 或 $K/4$ 两换向片上，用毫伏表的两支表笔依次接触到换向器的相邻两换向片上，检测换向器的片间电压。在检测过程中，若发现毫伏表的读数突然变小（例如，图 3-22 中 4 与 5 两换向片间的测试读数突然变小），则说明与该两换向片相连的电枢绕组元件有匝间短路。若在检测过程中，各换向片间电压相等，则说明没有短路故障。

电枢绕组短路故障可按不同情况分别加以处理。若绕组只有个别地方短路，且短路点较为明显，则可将短路导线拆开后在其间垫入绝缘材料并涂以绝缘漆，待烘干后即可使用。若短路点难以找到，而电动机又急需使用时，则可用前面所述的短接法，将短路元件所连接的两换向片短接即可。如短路故障较严重，则需局部或全部更换电枢绕组。

（3）电枢绕组断路故障

这也是直流电动机常见故障之一。实践经验表明，电枢绕组断路点一般发生在绕组元件引出线与换向片的焊接处。造成的原因有：一是焊接质量不好，二是电动机过载、电流过大造成脱焊。这种断路点一般较容易发现，只要仔细观察换向器升高片处的焊点情况，再用螺钉旋具或镊子拨动各焊接点，即可发现。

若断路点发生在电枢铁心槽内部，或者不易发现的部位，则可用图 3-23 所示的方法来判定。将 6～12 V 的直流电源连接到换向器上相距 $K/2$ 或 $K/4$ 的两换向片上，用毫伏表测量各相邻两换向片间的电压，并逐步依次测 E。有断路的绕组所连接的两换向片（如图中的 4、5 两换向片）被毫伏表跨接时，有读数指示，而且指针发生剧烈跳动。若毫伏表跨接在完好的绕组所连接的两换向片上时，指针将无读数指示。

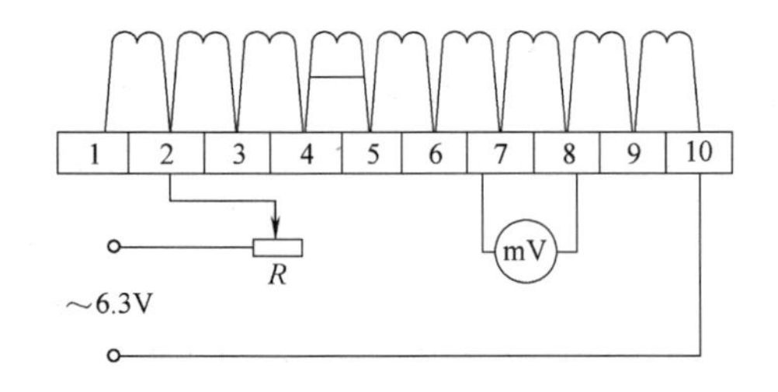

图 3-22　毫伏表法测短路

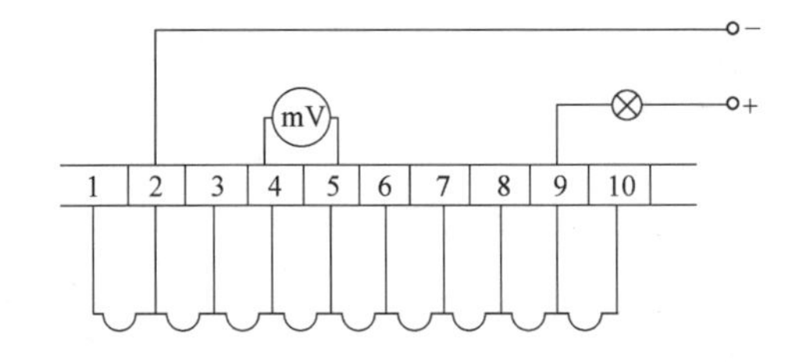

图 3-23　电枢绕组断路故障检测

电枢绕组断路点若发生在绕组元件与换向片的焊接处，只要重新焊接好即可使用。若断路点不在槽内，则可以先焊接短线，再进行绝缘处理即可。如果断路点发生在铁心槽内，且断路点只有一处，则将该绕组元件所连接的两换向片短接后，也可继续使用；若断路点较多，则必须更换电枢绕组。

2. 换向器故障的检修

（1）片间短路故障

按图 3-24 所示方法进行检测，如判定为换向器片间短路时，可先仔细观察发生短路的换向片表面的具体状况，一般是由于电刷炭粉在槽口将换向片短路或是由于火花烧灼所致。

上述故障可用图 3-25 所示的拉槽工具刮去造成片间短路的金属屑末及电刷粉末即可。若用上述方法仍不能消除片间短路，即可确定短路发生在换向器内部，一般需要更换新的换向器。

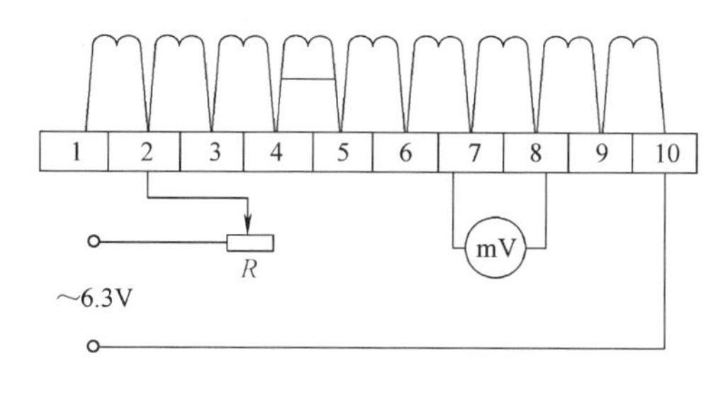

图 3-24　检测片间短路故障

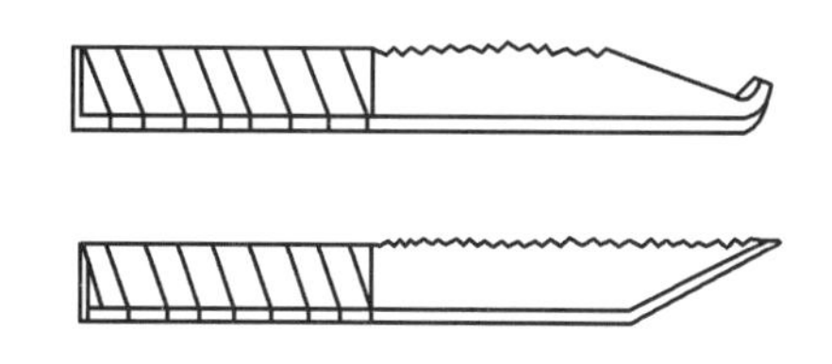
图 3-25　拉槽工具

（2）换向器接地故障

接地故障一般发生在前端的云母环上，该环有一部分裸露在外面，由于灰尘、油污和其他杂物的堆积，很容易造成接地故障。当接地故障发生时，这部分的云母环大都已烧损，而且查找起来也比较容易。修理时，一般只要把击穿烧坏处的污物清除干净，并用虫胶漆和云母材料填补烧坏之处，再用可塑云母板覆盖 1～2 层即可。

（3）云母片凸出

由于换向器上换向片的磨损比云母片要快，因此直流电动机使用较长一段时间后，有可能出现云母片凸起的现象。在对其进行修理时，可用拉槽工具，把凸出的云母片刮削到比换向片约低 1mm 即可。

【相关知识链接】

直流电动机的使用与维护

一、直流电动机使用前的检查

1）用压缩空气或手动吹风机吹净电动机内部灰尘、电刷粉末等，清除污垢杂物。

2）拆除与电动机连接的一切接线，用绝缘电阻表测量绕组对机座的绝缘电阻。若小于 0.5MΩ 时，应进行烘干处理，测量合格后再将拆除的接线恢复。

3）检查换向器的表面是否光洁，如发现有机械损伤或火花灼痕，应进行必要的处理。

4）检查电刷是否严重损坏，刷架的压力是否适当，刷架的位置是否位于标记的位置。

5）根据电动机铭牌检查直流电动机各绕组之间的接线方式是否正确，电动机额定电压与电源电压是否相符，电动机的起动设备是否符合要求，是否完好无损。

二、直流电动机的使用

1）直流电动机在直接起动时因起动电流很大，会对电源及电动机本身带来极大的影响。因此，除功率很小的直流电动机可以直接起动外，一般的直流电动机都要采取减压措施来限制起动电流。

2）当直流电动机采用减压起动时，要掌握好起动过程所需的时间，不能起动过快，也不能过慢，并确保起动电流不能过大（一般为额定电流的 1～2 倍）。

3）在电动机起动时就应做好相应的停车准备，一旦出现意外情况时应立即切除电源，并查找故障原因。

4）在直流电动机运行时，应观察电动机转速是否正常；有无噪声、振动等；有无冒烟或发出焦臭味等现象，如有应立即停车查找原因。

5）注意观察直流电动机运行时电刷与换向器表面的火花情况。在额定负载工况下，一般直流电动机只允许有不超过1 1/2级的火花。电刷下火花的等级见表3-13。

表3-13 电刷下火花的等级

火花等级	电刷下火花程度	换向器及电刷的状态	允许运行方式
L	无火花	换向器上没有黑痕、电刷上没有灼痕	允许长期连续运行
1 1/4	电刷边缘仅小部分有微弱的点状火花或有非放电性的红色小火花		
1 1/2	电刷边缘大部分或全部有轻微的火花	换向器上有黑痕出现，用汽油可以擦除；在电刷上有轻微灼痕	
2	电刷边缘大部分或全部有较强烈的火花	换向器上有黑痕出现，用汽油不能擦除；电刷上有灼痕。短时出现这一级火花，换向器上不出现灼痕，电刷不致烧焦或损坏	仅在短时过载或有冲击负载时允许出现
3	电刷的整个边缘有强烈的火花，即环火，同时有大火花飞出	换向器上有黑痕且相当严重；用汽油不能擦除；电刷上有灼痕。如在这一火花等级短时运行，则换向器上将出现灼痕，电刷将被烧焦或损坏	仅在直接起动或逆转的瞬间允许出现，但不得损坏换向器及电刷

6）串励电动机在使用时，应注意不允许空载起动，不允许用带轮或链条传动；并励或他励电动机在使用时，应注意励磁回路绝对不允许开路，否则都可能因电动机转速过高而导致严重后果的发生。

三、直流电动机的维护

1）应保持直流电动机的清洁，尽量防止灰沙、雨水、油污、杂物等进入电动机内部。

2）直流电动机结构及运行过程中存在的薄弱环节是电刷与换向器部分，因此必须特别注意对它们的维护和保养。

3）换向器表面应保持光洁，不得有机械损伤和火花灼痕。如有轻微灼痕时，可用0号砂纸在低速旋转的换向器表面仔细研磨。如换向器表面出现严重的灼痕或粗糙不平、表面不圆或有局部凸凹等现象时，则应拆下重新进行车削加工。车削完毕后，应将片间云母槽中的云母片下刻1mm左右，并清除换向器表面的金属屑及毛刺等，最后用压缩空气将整个电枢表面吹扫干净，再进行装配。

换向器在负载作用下长期运行后，表面会产生一层坚硬的深褐色薄膜，这层薄膜能够保护换向器表面不受磨损，因此要保护好这层薄膜。

4）电刷的使用。电刷与换向器表面应有良好的接触，正常的电刷压力为15～25kPa，可用弹簧秤进行测量，如图3-26所示。电刷与刷盒的配合不宜过紧，应留有少量的间隙。

电刷磨损或碎裂时，应更换牌号、尺寸规格都相同的电刷，新电刷装配好后应研磨光滑，保证与换向器表面有80%左右的接触面。

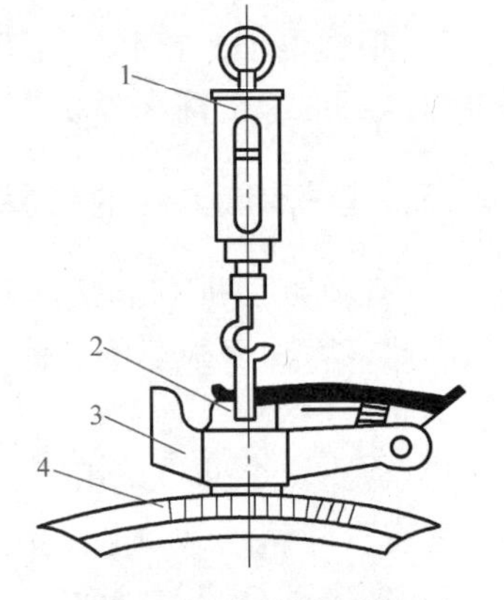

图3-26 弹簧秤测电刷压力

1—弹簧秤 2—刷握

3—电刷 4—换向器

四、故障实例分析一

故障现象：一台 Z－550 直流电动机，带刨床工作十几分钟后出现过热现象。

1. 故障分析与检测

（1） 检阅技术资料

参看说明书，该直流电动机额定容量为 16.2kW，额定电压为 220V，电流为 86A，额定转速为 1200r/min。电枢绕组为混合式绕组。

（2） 故障询问

用户反应，该电动机因电枢绕组烧坏，更换绕组后出现上述故障现象。根据上述情况，分析过热故障原因。

（3） 检测

经检测：机械传动良好，绕组对地绝缘正确。刨床工作几分钟后，用手触摸壳体发烫，风扇运行正常。当刨床缓慢前进时，电动机电枢电压为 60V，电枢电流为 120A，正常时电枢电流为 30A；当刨床工作台反向快速移动时，电枢电压为 220V，电枢电流为 200A，随后降至 260A。正常电枢电流为 25A。显然发热故障为电枢电流过大所致。

拆下电枢检查，在换向器上外加直流电压，用毫伏表测换向片间电压，结果正常。对定子励磁绕组检测，励磁电流正常。用指南针对主磁极校对极性，发现所换励磁绕组极性不对，四个磁极出现了三个同极性一个异极性。

2. 故障处理

拆下主磁极连接端子，按 N→S → N → S 正确关系重新连接，校对正确后，重新装机，运行正常。

五、故障实例分析二

故障现象：电吹风上的小型直流电动机必须用手拧动转轴才能起动，且转动无力。

1. 故障分析与检测

（1） 原理分析

由单相线圈组成的直流电动机只有两个换向器，在转动过程中存在一个“死区”位置。所以，一般这种直流小型电动机中至少要有三个换向器铜片，故线圈也增加为三组。线圈头分别与三个换向片压在一起，当其中任何点接触不良或换向片脱落时，相当于两个换向片工作，在起动时，若处于死区，则无起动转矩，故不转动，只要加外力，使其偏离死区就转起来了，于是出现上述故障。

（2） 检测

拆下电动机，用万用表检测三个换向片，正常情况下，是两两接通的，若一个与另外两个不通或电阻增大，说明故障点在此。故障为换向片与线圈脱焊或严重接触不良，使电枢电流减小，电磁转矩减小，故无法起动或起动后运行无力。

2. 故障处理

处理方法：对于线圈接触不良，将线圈重新接好即可。对于换向片脱落，可用绝缘导线将其拉紧到原处，也可用强力胶水粘贴。

思考与练习

1. 查找电枢绕组短路故障的方法有哪几种？
2. 查找电枢绕组接地故障的方法有哪几种？

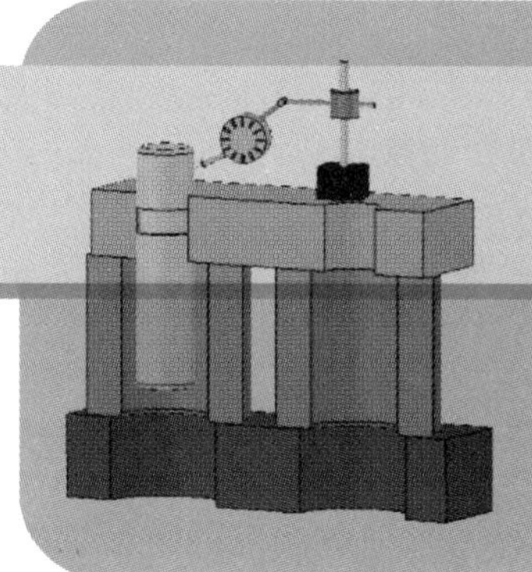

项目四

单相串励电动机的检修

单相串励电动机既可以使用单相交流电源，也可以使用直流电源，因此又称交直流两用电动机。这种电动机主要用于各种电动工具（如吸尘器、手电钻、电动缝纫机等），如图 4-1 ~图 4-3 所示，它常常和工具制成一体。这种电动机具有起动转矩大、过载能力强、转速高、重量轻、体积小等优点。

图 4-1　吸尘器

图 4-2　手电钻

图 4-3　电动缝纫机

单相串励电动机在运行时必须依靠换向器来实现功能。在交流条件下，电动机的换向条件比直流换向更差，故单相串励电动机的换向比直流电动机更困难。同时，串励电动机转速很高，一方面会在转子上形成很大的离心力，容易造成转子导体被甩出；另一方面转子导体电流频率随转子速度的增加而增高，使转子发热加剧，从而导致绕组被烧毁。因此，单相串励电动机与其他电动机相比，出现故障概率比较高。本项目将以单相串励电动机的拆装及故障检测等作为主要内容展开学习。

【能力目标】

技能目标

1）会使用电动机维修的通用工具和专用工具。

2）会连接单相串励电动机常用控制电路。

3）会拆、单相串励电动机绕组并能排除典型故障。

知识目标

1）了解单相串励电动机的结构与工作原理。

2）了解单相串励电动机常用控制电路的结构与原理。

3）了解单相串励电动机拆装、接线与检修中的工艺要求。

4）了解单相串励电动机绕组的拆、换工艺及常见故障产生原因与检修思路。

任务一　单相串励电动机的拆卸

【任务描述】

图 4-4 所示为一台单相串励电动机，请利用实训室准备的器材工具把电动机的前、后端盖拆除，并移出电枢（转子）部分、取出电刷，完成单相串励电动机的拆卸。

【任务目标】

1）熟悉掌握单相串励电动机的拆卸过程；

2）学会采取正确的方式进行单相串励电动机的整体拆卸；

3）能在拆卸过程中注意安全规范；

4）熟悉拆卸单相串励电动机的工艺流程：拆除前、后端盖→取出电枢（转子）→卸下电动机轴承→取出电刷。

图 4-4　单相串励电动机示意图

注：装配过程与上述顺序正好相反，在进行该项任务的过程中将不对单相串励电动机绕组进行拆卸。

【所需器材】

电工工具是我们日常拆装、维护电动机必不可少的器具。图 4-5 所示为常用电工工具，从左至右依次为橡胶锤、一字螺钉旋具、十字螺钉旋具、测电笔、尖嘴钳、钢丝钳、扳手、电工刀、电烙铁等。

图 4-5　常用电工工具

拆卸单相串励电动机过程所需工具见表4-1。

表4-1　所需工具

序号	名称	规格型号	数量
1	螺钉旋具	一字型 3in	1
2	螺钉旋具	十字型 3in	1
3	橡胶锤		1
4	錾子	90755	1
5	小型扳手	8mm	1
6	三抓拉玛	90633	1
7	单相串励电动机	U250/40-220	1

【任务实施】

一、拆卸单相串励电动机

1. 拆卸单相串励电动机前的准备工作

1）准备拆卸工具：在拆除单相串励电动机时所需要利用到的工具有十字螺钉旋具、一字螺钉旋具、小号尖嘴钳、橡胶锤、小号扳手等。

2）做好拆卸记录：电动机引出线的颜色，前、后端盖，前、后轴承和前后端盖与定子铁心的结合部位，应该分别做上记号，为装配作准备。

2. 拆卸单相串励电动机

拆卸单相串励电动机的过程：拆除前、后端盖→取出电枢（转子）→卸下电动机轴承→取出电刷。具体步骤如下：

第一步：利用小型扳手或T型套筒将单相串励电动机前端盖左右两侧用于固定作用的螺母旋出，将单相串励电机的前端盖顺着丝杠取出，然后再借助工具将后端盖与机壳分离，如图4-6所示。

图4-6　拆除电动机前、后端盖

第二步：将固定于后端盖内部左、右两侧接线端上的两组定子绕组的连接线取下，如图4-7所示。

第三步：将带有电枢铁心、电枢绕组、电动机转轴、电动机轴承、换向器和冷却风扇的电枢（转子）部分轻轻取出，如图4-8所示。

第四步：将安装在电枢铁心上的电动机轴承取下，如图4-9所示。

第五步：将置于电动机后端盖左右两端的电刷分别取出，如图4-10所示。

单相串励电动机拆卸完成后效果图如图 4-11 所示。

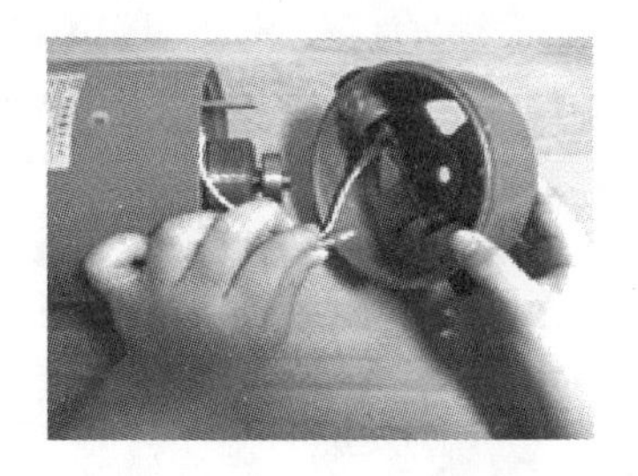

图 4-7 拆除定子绕组连接线

图 4-8 取出电枢（转子）

图 4-9 取下轴承

图 4-10 取出电刷

二、电动机拆卸工艺要求

1）在拆卸紧固件时，无论旋动螺钉、螺帽，螺钉旋具或扳手规格务必与工件吻合，否则可能损坏螺钉、螺帽。

2）在拆卸有两颗及以上螺钉连接的紧固件（如端盖）时，应该对角交叉分几次轮流旋松螺钉，不可一次性将某一螺钉卸下，这样容易造成被紧固件（如端盖）变形。

3）轴承位于转子转轴两端，拆卸时应该分清前轴承和后轴承。因为转轴前端是负荷端，前轴承磨损大。在电动机工作一段时间后，当前轴承尚能使用时，可以前后轴承对调使用，以延长其使用寿命。

图 4-11 电动机拆卸完成效果图

三、电动机装配工艺要求

1）安装轴承时应加足润滑油（有的是边装配边加润滑油，有的是装配完后再加）。

2）清洁定子铁心内表面后，在装入转子时，定、转子的端面必须保持平整，转子外圆周与定子内圆周之间的空气间隙应当一致。

3）前后端盖按照拆卸时所作的记号归位，旋紧螺钉时也要交替分几次旋紧；在紧固端盖的全过程，注意边旋动螺钉边旋动转轴，一直要保持转轴灵活转动。否则容易造成转子卡死甚至使转轴变形。

【相关知识链接】

一、单相串励电动机的结构组成

单相串励电动机由定子、电枢、换向器、电刷等主要部件组成。为了冷却，在电动机一端还装有风扇进行冷却，接线时需将电枢绕组与定子绕组串联。

1. 定子部分

定子由定子铁心和定子绕组构成。定子铁心是用0.5mm厚的硅钢片叠压而成，定子绕组由绝缘铜线绕制成集中绕组嵌入定子铁心，如图4-12所示。

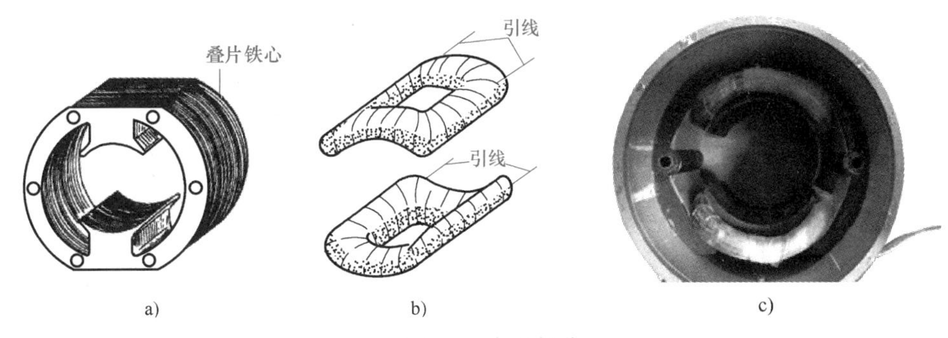

图4-12 定子部分

a）定子铁心 b）定子绕组 c）实物图

2. 电枢部分

电枢又称为转子，它是单相串励电动机的旋转部分。电枢由电枢铁心、电枢绕组、电动机转轴、电动机轴承、换向器和固定在电动机转轴上的冷却风扇组成。电枢铁心采用0.5mm厚的硅钢片沿电动机转轴方向叠装组成。电枢铁心冲片为半闭口槽，内嵌电枢绕组。电枢绕组由若干线圈组成，线圈首尾端与换向器上的换向片相焊接。电枢铁心槽一般与电动机转轴相平行，有时为了减弱电动机运行时的噪声，将铁心叠压成斜槽式。电枢部分如图4-13所示。

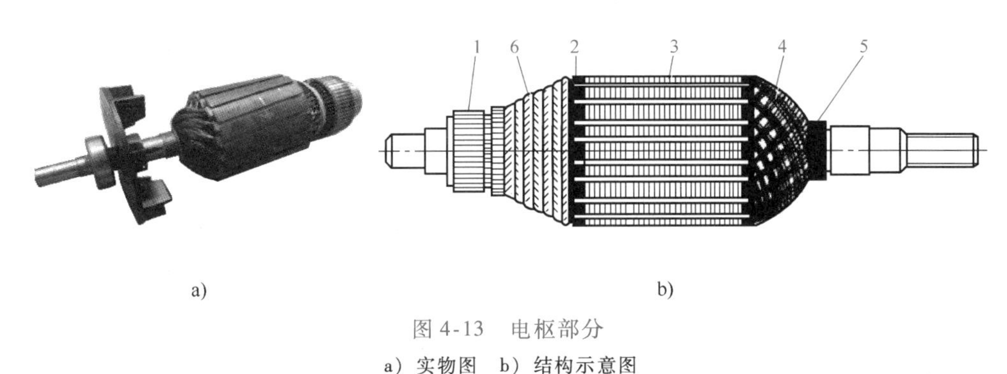

图4-13 电枢部分

a）实物图 b）结构示意图

1—换向器 2—端部绝缘板 3—铁心 4—绕组 5—轴绝缘 6—扎线

3. 换向器部分

换向器由众多铜质换向片固定在圆形绝缘筒上而形成，各换向片之间用云母片绝缘。换向片加工为楔形片，在各换向片的下部两端均有V形槽，通过注塑的方法使换向片结合成整体。换向器固定在电动机转轴上，并与转轴绝缘，这样可以使电动机在高速运行时，承受离心力而不至于变形，换向器的结构如图 4-14 所示。

4. 电刷

电刷是单相串励电动机的重要附件，它负责电枢绕组与外电路相连接，同时与换向器配合，负责电枢绕组的换向。单相串励电动机的电刷安装在电刷刷握中，并固定在电刷架上。电刷与换向器滑动接触，当电刷存在较大的磨损和机械振动，或与换向器配合不当时，会产生严重的火花。为了保证电机的正常运行，必须正确选择电刷。电刷的选择要根据温升、换向器圆周速度而定，单相串励电动机多采用 DS 型电化石墨电刷，如图 4-15 所示。

图 4-14 换向器

图 4-15 DS 型电化石墨电刷

二、单相串励电动机的工作原理

单相串励电动机的工作原理与直流串励电动机相类似。当单相串励电动机接在单相交流电源上时，如交流电流处于正半周时，电流由 U1 端流入，U2 端流出，如图 4-16 所示。此时由主磁通和电枢电流相互作用产生的电磁转矩使转子逆时针方向转动。当交流电流处于负半周时，电流由 U2 端流入，U1 端流出，如图 4-17 所示。此时定子绕组中的电流及电枢绕组中的电流均改变方向，故主磁通和电枢电流相互作用产生的电磁转矩方向不变，电动机电枢仍按逆时针方向转动。由此可见，单相串励电动机接在单相交流电源上使用时电枢转向是恒定的，即单相串励电动机接在电压相同的单相交流电源或直流电源上使用时产生的电磁转矩是相同的。

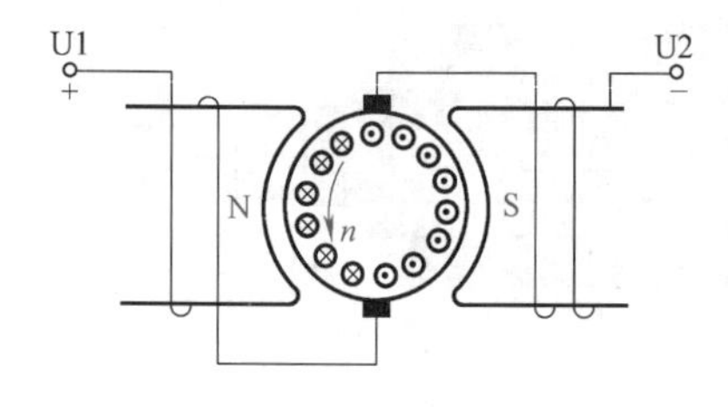

图 4-16 交流电的正半周

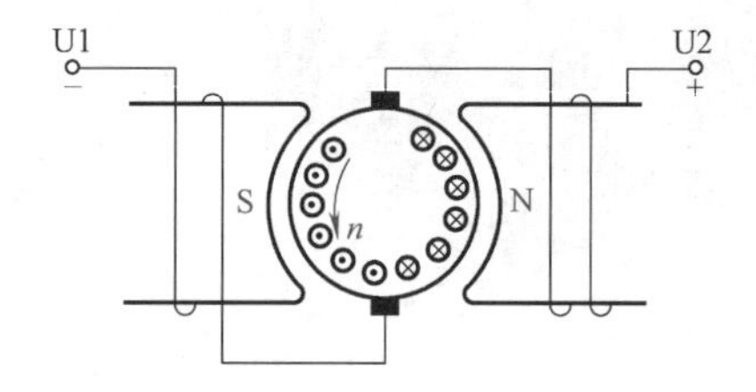

图 4-17 交流电的负半周

三、单相串励电动机的工作特点

1）单相串励电动机由于利用交流电工作，为了减少铁损，整个磁路铁心均使用硅钢片叠压而成。另外，为了提高功率因数，定子励磁绕组匝数较少，电动机的空气隙小。由于使用交流电工作，电刷和换向器表面的火花较大。

2）单相串励电动机的起动转矩较大，故起动性能好，调速方便，因此适用于起动困难的场合。另外，由于电动机本身转速高（转速范围为4000～20000r/min），因此适用于一些需要高速运行的机床设备。

3）单相串励电动机的机械特性与直流串励电动机相似，即电动机转速随负载的改变而有很大的变化。另外，单相串励电动机不允许空载起动或空载运行。

4）单相串励电动机的反转方法及调速方法与直流串励电动机一样。常见的为单相串励电动机串二极管调速，该电路简单，具有高、低两种速度，常应用于一些小型家用电器中。

【任务评价】（该项任务检测评价总分为100分）

1）根据对单相串励电动机的了解，填写表4-2的相关内容。

表4-2　检测对单相串励电动机的相关数据的了解情况

电动机型号、参数、形式	观测结果	配分	实际得分
型号		2	
功率		3	
起动形式		3	
定子铁心长度/mm		2	
定子铁心内径/mm		2	
转子有效长度/mm		2	
转子外径/mm		2	
定、转子间气隙长度（两者之间的间隙）/mm		4	
合　计		20	

2）认识电动机修理专用工具，填写表4-3相关内容。

表4-3　检测对电动机维修专用工具的了解情况

工具名称	外形图	用途	配分	实际得分
划线板			3	
划针			3	
清槽刷			3	
压脚			3	
绕线机			4	
绕线模			4	
合　计			20	

3）熟悉单相串励电动机的拆卸过程，并填写记录表。

表4-4　检测对单相电动机拆卸的掌握程度

步骤	操作内容	使用工具	工艺要点	配方	实际得分
第一步				12	
第二步				10	
第三步				12	
第四步				16	
第五步				10	
合　计				60	

学生（签名）　　　　测评教师（签字）　　　　时间：

1. 什么是单相串励电动机？它的主要用途是什么？
2. 单相串励电动机的结构组成？
3. 单相串励电动机的工作特点有哪些？

任务二　单相串励电动机控制电路的连接

【任务描述】

1）该项任务包括连接单相串励电动机的正反转与调速控制电路两个内容。

2）连接范围规定为单相串励电动机的电源引出线与控制电器和室内电源之间，不涉及绕组内部。

3）控制电路连接完毕，必须通电检测其控制效果。

【任务目标】

1）掌握单相串励电动机的正反转控制电路的连接与调试。

2）掌握单相串励电动机的调速控制电路的连接与调试。

3）能对单相串励电动机正反转电路和调试电路的运行效果进行检测。

【所需器材】

1）连接单相串励电动机控制电路所需工具见表 4-5。

表 4-5　所需工具

序　号	名　称	型号规格	数　量
1	螺钉旋具	一字型 3in	1
2	螺钉旋具	十字型 3in	1
3	尖嘴钳		1
4	万用表	MF47 型	1
5	转速表	红外线型	1

2）连接单相串励电动机控制电路所要用到的器件见表 4-6。

表 4-6　所需器件

序　号	名　称	型号规格	数　量
1	单相串励电动机	U250/40-220	1
2	单相断路器	SB1LE-63	1
3	倒顺开关	LAP-15/2	1
4	接线端子排	TB-2512L	1
5	绝缘导线	红、蓝 1mm^2	适量
6	冷压端子	E1008	适量
7	单相调压器	TDGC 2/0.5	1

【任务实施】

一、单相串励电动机正反转控制电路的连接与调试

单相串励电动机正反转控制电路工作原理与串励直流电动机的工作原理一样，只要改变单相串励电动机的励磁绕组或者电枢绕组的接线，就可以改变单相串励电动机的旋转方向。连接单相串励电动机的正反转控制电路，具体操作步骤如下：

1. 识读电路原理图

单相串励电动机正反转控制电路图如图4-18所示。

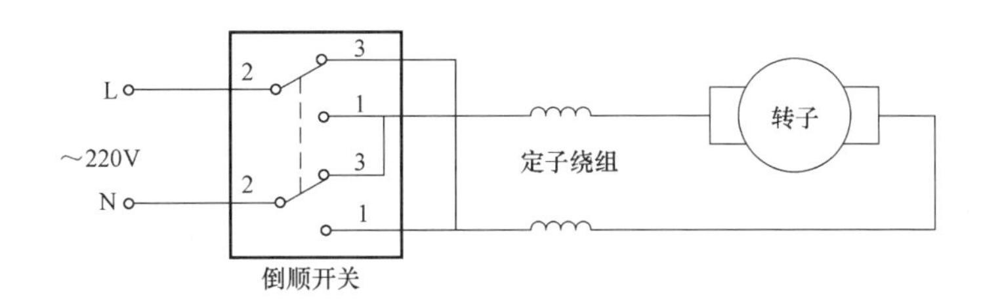

图4-18　单相串励电动机正反转控制电路图

2. 连接控制电路

参照图4-18，连接单相串励电动机正反转实际控制电路，连接好的电路如图4-19所示。

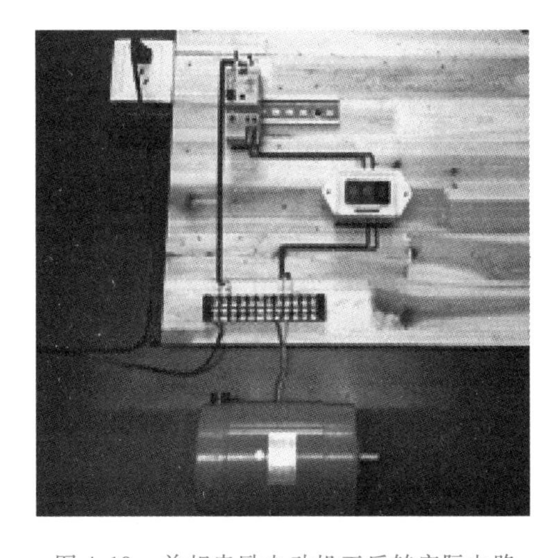

图4-19　单相串励电动机正反转实际电路

图中的倒顺开关是控制单相串励电动机正、反转的换向开关。当按下倒顺开关绿色（起动）按钮时，电动机实现正转。当按下红色（停止）按钮时，电动机不转。当按下黑色（反转）按钮时，电动机实现反转。

为了保证接触良好并防止出现短路现象，连接电路导线的端头均需经冷压端子处理，确保用电安全。

3. 通电检查

正确接好单相串励电动机正反转控制电路后，按照图4-20的顺序，通电检查单相串励电动机的正反转控制效果。

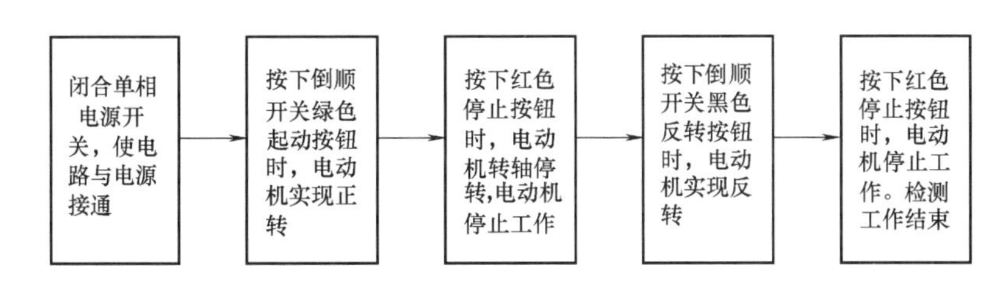

图4-20　单相串励电动机正反转控制电路通电检查顺序

二、单相串励电动机并联单相调压器调速电路的连接与调试

1. 单相串励电动机并联单相调压器调速控制原理

单相串励电动机并联单相调压器调速控制是通过调节单相调压器改变定子绕组两端电压来实现调速的。

2. 连接单相串励电动机并接单相调压器调速控制电路

具体操作步骤如下：

（1）识读电路原理图

单相串励电动机并接单相调压器调速电路原理图如图 4-21 所示。

（2）连接单相串励电动机调速控制电路

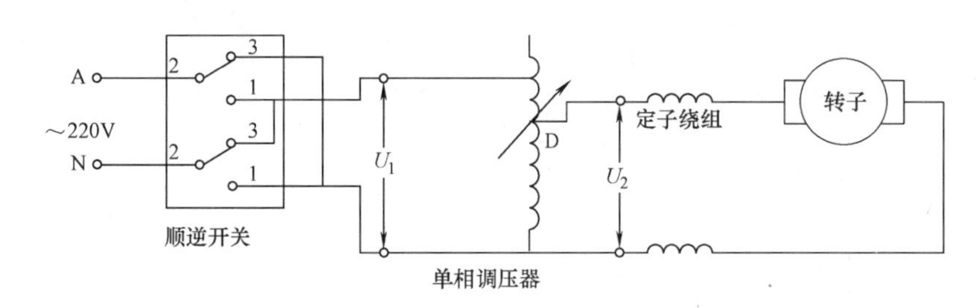

图 4-21　单相串励电动机并接单相调压器调速电路原理图

参照电路原理图 4-21，连接单相串励电动机并接单相调压器调速电路，如图 4-22 所示。

图 4-22　单相串励电动机调压器调速实际电路

在图 4-22 中，按下倒顺开关的绿色“顺”按钮时电动机开始正转，通过均匀的旋转手轮可改变输出电压，从而改变电动机定子绕组两端电压，进而实现电动机的正转调速；按下红色“停”按钮时，电动机停止转动；按下倒顺开关的红色“逆”按钮时电动机开始反转，通过均匀的旋转手轮可改变输出电压进而实现电动机的反转调速。

（3）通电测试单相串励电动机的调速效果

单相串励电动机调速效果的测试使用红外线转速测量仪测试电机转速。在检测时，开启转速表，只要将转速表靠近运行中的电动机转轴，即可测得单相串励电动机的实时转速。

【相关知识链接】

一、单相调压器的概述及使用范围

单相调压器实质上是一种输出端电压可以调节的自耦变压器。可广泛应用于工业（如化工、冶金、仪器仪表、机电制造、轻工等）、科学实验、公共设施、家用电器中以实现调压、控温、调速、调光、功率控制等目的，是一种理想的单相交流调压电源，单相调压器实物图如图 4-23 所示。

二、单相调压器的工作原理

单相调压器就是匝数比连续可调的自耦变压器。如图 4-24 所示，当调压器电刷借助手轮主轴和刷架的作用，沿线圈的磨光表面滑动时，就可以连续地改变匝数比，从而使输出电压平滑地从零调节到最大值。

图 4-23 单相调压器实物图

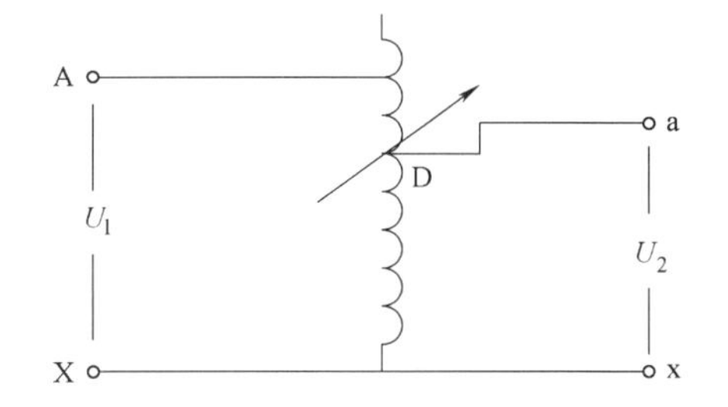

图 4-24 单相调压器调节输出电压示意图

三、单相调压器的特点

1）灵敏度高，响应速度快。

2）工作性能稳定、效率高、运行可靠。

3）体积小、结构合理、运行方便。

4）输出波形不失真。

5）占载率高、负载能力强。

6）应用范围广、可长期运行。

四、单相调压器的安装使用与维护

1）单相调压器在运行之前，需用 500V 绝缘电阻表测量线圈对地的绝缘电阻，其值不低于 5MΩ 时才可以安全使用，否则应进行热烘处理。热烘处理方法一般可用带电烘干法或送烘箱烘干，烘干后需检查调压器各紧固件是否松动，如有松动应加以紧固。

2）电源电压应符合调压器铭牌上的输入电压。

3）调压器必须良好接地，以保证操作者人身安全。

4）使用时应缓慢均匀地旋转手轮，以免引起电刷损坏或产生火花。

5）经常检查调压器的使用情况，如发现电刷磨损过多、缺损现象，应及时调换相应规格的电刷，并用零号砂纸垫在电刷下面转动手轮数次，使电刷底面磨平，接触良好，方可使用。

6）使用时应时刻注意调压器的输出电流不超过其额定值，否则易使单相调压器寿命降低甚至烧毁。

7）调压器线圈与电刷接触的表面应保持清洁，否则容易引起打火花而烧坏线圈表面。如发现线圈表面烧有黑色斑点，可用棉纱沾酒精檫拭直到表面斑点除去为止。

8）调压器应保持清洁，不允许有水滴、油污等落入调压器内部，调压器定时停电，除去内部聚集的尘埃。

9）搬动调压器时不得直接提动手轮，而应将整台调压器提起再移动。

五、单相调压器的故障排除

单相调压器的常见故障及排除见表4-7。

表4-7　单相调压器的常见故障及排除

故障现象	可能原因	排除方法
总开关跳闸	1. 负荷过大 2. 调压器有短路现象	1. 检查负荷是否过大 2. 更换调压器线圈
电流表不显示	1. 负荷太小、电流过低 2. 负电流互感器或电流表损坏	1. 调压器正常 2. 更换电流互感受器和电流表
电压表不显示	没有输出电压	1. 检查总开关是否跳闸 2. 检查电压表是否烧坏 3. 调压器没有调起电压
调压器有火花	调压器碳刷接触不良	1. 用零号砂纸将调压器表面重新磨光 2. 检查碳刷的组件是否活动自如，弹簧压力是否足够
调压器不能调整电压	电动机损坏	需更换电动机
调压器冒烟	内部元件严重损坏	立即停止运行，进行检修

【任务评价】

1）检测倒顺开关在下列情况下的电阻值，并将检测结果计入表4-8中。

表4-8　检测倒顺开关质量测评记录

开关状态	按下绿色“顺”按钮		按下红色“停”按钮		按下黑色“逆”按钮		配分	实得分
档位	2—1触点	2—3触点	2—1触点	2—3触点	2—1触点	2—3触点		
电阻值/Ω							18	

2）检测单相交流调压器线圈直流电阻和它对地绝缘电阻，并将检测结果计入表4-9中。

表4-9　检测单相调压器相关数据测评记录

调压器线圈抽头编号	输入端A-X		输出端a-x		线圈对地绝缘电阻		配分	实得分
检测项目	万用表档位	电阻值/Ω	万用表档位	电阻范围/Ω	万用表档位	电阻值/Ω		
检测结果							18	

3）检测单相串励电动机正反转电路控制效果，并将检测结果计入表4-10中。

表4-10　检测单相串励电动机正反转控制效果测评记录

倒顺开关档位	转子转向（顺时针或逆时针）	转速/(r/min)	配　分	实　得　分
按下“顺”按钮			12	
按下“逆”按钮			12	

4）检测电动机调速电路的调速效果，并将检测结果计入表4-11中。

表 4-11 检测单相串励电动机调速控制效果测评记录

调速电路类型	单相串励电动机并接单相调压器调速电路								配分	实得分
调压数值/V	220	180	150	120	90	60	40	20	40	
转速										

1. 哪些电动机才具有正反转控制功能？有哪些办法使电动机反转？试说明其中的理由。
2. 在本项任务中所涉及到的单相串励电动机调速电路，是通过什么途径实现调速的？
3. 单相串励电动机并接单相调压器调速的本质是什么？

任务三 单相串励电动机绕组的维修

【任务描述】

绕组的换修是单相串励电动机维修中的难点，掌握这一技能显得更有必要。在本任务中，我们将从拆除旧绕组开始，进行绕组换新和通电测试等项目的训练。

在实施任务中要严格遵照电动机的科学数据并处理好各个部位的绝缘。如果在这两个关键问题上稍有失误，必将导致前功尽弃乃至重大损失。

【任务目标】

1）掌握单相串励电动机绕组的拆卸。

2）掌握单相串励电动机绕组的绕线方法。

3）掌握单相电串励起动绕组的安装与检测方法。

【任务实施】

单相串励电动机的故障主要有定子绕组、转子（电枢）绕组的断路、短路、接地故障及电刷、换向器的各种故障。由于它的换向器、电刷装置在结构、故障种类以及故障的检查处理方法上都与直流电动机类似，故在此不再叙述。以下主要对单相串励电动机的定、转子绕组各种故障的检查、处理和绕组重绕的工艺进行介绍。

一、定子绕组短路、断路和接地故障的检查及处理

1. 定子绕组短路

单相串励电动机定子绕组短路，一般是绕组严重受潮、绝缘层下降造成漏电发热而引起。它可分轻微短路和严重短路两种。

轻微短路是指线包中相邻的匝间短路。轻微短路将使线圈发热，并由于定子匝数减少造成电动机转速过高。若绕组中短路较轻微，被短路的匝数少，用万用表就不易测出它的电阻值的变化。这时可把一对极的两个绕组分别串入电桥的两个桥臂，比较二者电阻的大小。或

用电桥先后测两个绕组的电阻，阻值小的说明发生短路。

严重短路一般伴有电弧、火花发生。线包有烧焦的痕迹，且严重发热，可通过绕组外观及颜色对短路加以判断。短路的绕组外表漆层呈黑色或褐色，而正常绕组漆层透明、光亮。严重短路的绕组，一般用万用表就可以判定它的阻值比正常线包小。

如果绕组的轻微短路发生在外层，并且已确定了短路点，则可通过垫进新的绝缘等方法修复。多数情况下，短路点都不易确定，故除严重短路的绕组需要更换外，轻微短路的绕组一般也需要更换。

2. 定子绕组断路

定子绕组断路可通过万用表测定它的通、断来判定。定子绕组断路的电动机，通电后不会转动。定子绕组的断路点，多发生在外部的引线及最内部绕组与铁心的接触层。

如果是引线折断或断线处离引线不远（2～3 匝），只须把断头重新焊上即可。焊接断头时，可把定子绕组外面包绕的绝缘带挑开一条缝（注意不要弄断导线），从缝中拆下已断的几匝。若拆下的匝数较少（不超过绕组线圈匝线的 15%），可不补绕，直接焊上断头。断路发生在内部的绕组，一般都需要重绕。由于定子断线多发生绕组绕好装进铁心的过程中，故装配时应特别注意这一步骤。

3. 定子绕组接地

定子绕组接壳和受潮加以区别。受潮后虽然会使绝缘电阻下降了许多，并使机壳带电，但经烘烤后绝缘一般能恢复。检查时，用 500V 绝缘电阻表测定子绕组对壳绝缘电阻。若绝缘电阻值较小但不为零，便可对电动机进行烘烤，待阻值明显增大，符合规定后，即可投运，若阻值在烘烤后并不增加，可判定为接地。当绝缘电阻表测得绝缘电阻为零，可知定子绕组已直接接壳。

接壳的绕组，如果凭眼睛就可以看到接地点，则可把接地的绕组单独入约 15% U_n（U_n 为额定电压）的低压进行加热，待绝缘软化后，把接地处拔离铁心，垫进新的绝缘，并烘干。如果接地点看不到，可把烘软的绕组取下，找到接地点，拆去绕组中因接地而烧伤的几匝，再进行绝缘处理。若接地严重、烧毁匝数多，就必须更换绕组。

二、定子绕组的重绕和更换工艺

定子绕组更换的工艺过程包括：拆除旧绕组，记录原始数据，绕制新绕组入定子铁心，浸漆烘干，试验。

1. 拆除旧绕组

把旧绕组从铁心上取下时，应注意清除铁心上残留的绝缘。取下的旧绕组应当完整。取下后，把旧绕组压平，如图 4-25a 所示，并记录以下数据：定子绕组采用的电磁直径、匝数，绕组厚度，内层最小尺寸，外层大尺寸等。

2. 绕制新绕组

按测得的绕组厚度绕线，绕线模如图 4-25b 所示，图中模板上开的槽用于拉出引线和放置梆扎绕组的绝缘扎线。选择与旧绕组相同直径的导线，在线模上按原有参数绕好新绕组。绕成后，用扎线捆好，从模上取下把绕组用玻璃丝带或带蜡绸等包缠好，如图 4-25c 所示。缠好后绕组内外尺寸及厚度应与原记录数据相同。

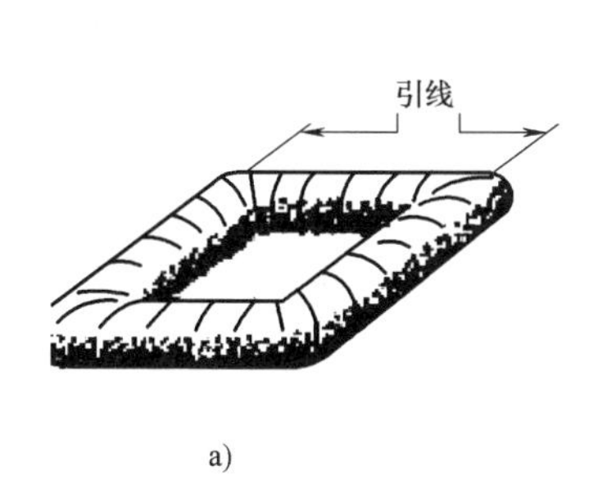

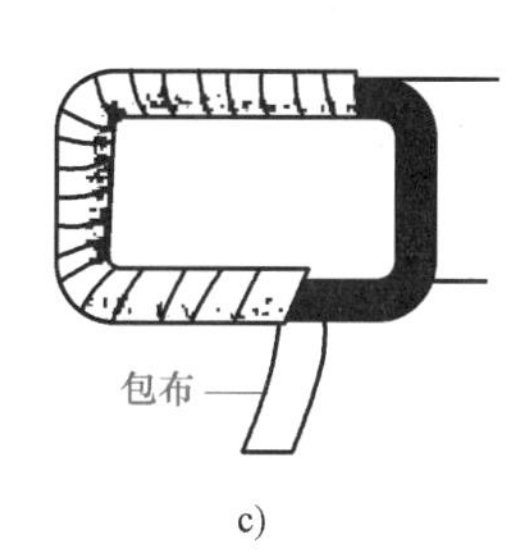

a)　　b)　　c)

图 4-25　定子绕组的绕制

a）拆下后压平，以便测量尺寸　b）绕线模　c）绕好绕组后，缠上绝缘

3. 新绕组套入铁心

把绕制好的绕组按铁心形状压弯并套入定子凸极。应当注意的是，串励电动机与直流电动机不同，它的凸极与铁轭是整体结构，绕组必须从极靴处套入。这将使绕组套入困难并易于造成绕组内层线损伤。为此，套入绕组前最好在极靴尖角上铺一层绝缘，在套入过程中应避免拉扯引线，以免造成断线。有的定子铁心外圆和机壳内孔之间为锥度配合（一般锥度很少，不易看出），这种铁心只能从一端进入机壳。这种情况下应注意装绕组时的引线方向。如果绕组上浸漆烘干后才发现引线不在换向器侧，再要掉头就十分困难。应当指出，绕组应在浸漆前套入铁心。如果在浸漆烘干后再套入，由于线包很硬，不易套入凸极。

4. 浸漆、烘干和试验

绕组套入铁心后，应使用万用表检查它是否断路，在确定其没有断路时才能进行浸漆。串励电动机浸漆烘干工艺与其他电动机类似。烘干后，应使用500V绝缘电阻表测量绝缘电阻值。新绕组的对地绝缘电阻应大于5MΩ。有条件的可对绕组与机壳做耐压试验，在正弦交流电压1500V下，维持1min，绕组不应有闪络和击穿现象。

三、电枢绕组各种故障的检查

串励电动机的电枢绕组与直流电动机类似，故障检查处理方法也类似。故可以采用在直流电动机一节中介绍过的方法来对串励电动机进行故障检查。在实用中，由于串励电动机容量较小，换向片数较多，尺寸也较小，常采用电枢绕组故障的方法来判断各种线圈故障。

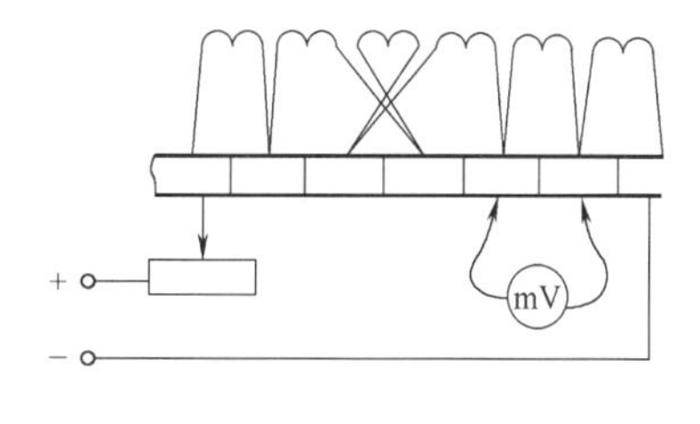

图 4-26　电枢绕组故障检测

图4-26是绕组故障检测接线方案。用干电池或蓄电池作为电源，由可变电阻（或灯泡）限流，把它们串在相隔一个极距的两换向片上。接通电源时，注意测量回路电流不要超过额定值，然后用毫伏表（或万用表毫伏表）依次测量相邻两换向片间电压降。测量结果可能为以下几种情况：

1）所有相邻换向片间压降都相等，这说明绕组无故障。

2）某两相邻换向片间压降比其间小，说明这两换向片焊接的元件有短路故障。

3）某相邻换向片上压降显著增大，说明这两换向片对应的元件有断路故障。

4）毫伏表在换向片上依次移动测量中，某两片间压降反向（毫伏表指针反偏），而在此基础上前后平移一片测量时，毫伏表测得数值均倍增，说明压降反向的两块换向片对应的元件存在引线错焊的故障。

四、电枢绕组的重绕

查明故障种类后，可使用与直流电动机电枢组相似的方法加以临时处理（如把故障元件对应的换向片短接）和修复，更多的情况下需重绕更换电枢绕组。应以旧绕组的参数、尺寸为依据进行绕组的重绕，若旧绕组数据丢失，可查有关资料得到这种电动机的绕组数据，在进行修复。

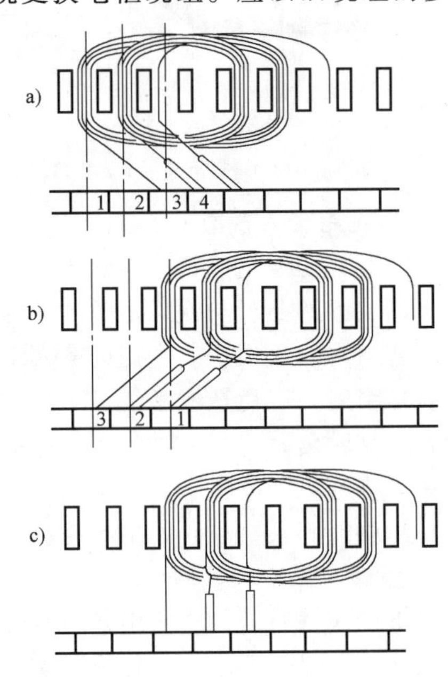

图 4-27　线头焊接位置

a）线头右移　b）线头左移　c）线头正对槽中心

电枢绕组重绕的工艺过程包括：记录绕组数据，拆除旧绕组，换向器检查及修理，重绕电枢绕组，焊接线头，试验和绝缘处理。

1. 记录旧绕组数据

拆除前，应尽量详尽地记录旧绕组数据，这些数据包括：电动机规格型号；额定电压；电枢槽数；绕组节距；换向片数；每槽导线根数、并绕导线根数和线径；绕组端部缠绕型式（叠线或对绕）；线头焊接位置。以上数据中，前 5 项可在拆除绕组前从铭牌或电枢外表查到，后几项必须在拆除绕组过程中认真的记录。每槽导线根数，是指一槽中上、下两层所有导体的总根数；并绕导线根数是指电枢每槽内的上下两层中，每层都有可能由几根（一般 2～3 根）并绕而成，即有几个元件并列嵌在槽中。线头焊接位置，是指各槽绕组引出线与换向片焊接时前、后移动的情况。一般有图 4-27 所示的 3 种情况。图 4-27a 和 4-27b 是线头焊接时在换向片上左、右移动 2 片（1 移至 3）的情况，4-27c是线头焊接位置正对绕组所在槽中心情况。这三种焊接位置在串励电动机中都有所使用。至于采用哪一种焊接位置运动时火花更小，效果更好，要由电动机转向和磁极、电刷的位置来决定。因此拆除绕组是要认真对焊接位置作好记号（一般只需对一个槽及与对应的一块换向片作记号即可）。以免修复后错焊，造成转速异常、火花大，不能正常运行。

2. 拆除旧绕组

单相串励电动机电枢绕组的拆除，与其他电动机电枢绕组拆除方法类似，可采用加热后拆除的热拆法；或割断绕组端部后冲出槽内导体的冷拆法。拆除绕组后，应对槽内残留绝缘物进行仔细清除。

3. 检修换向器及电刷装置

单相串励电动机的修理工艺与直流电动机相同。要注意的是单相串励电动机换向片较小，升高片距换向器表面较近。在拆除旧绕组及焊接新绕组引线时，都应注意不要把焊锡掉入换向片间形成短路，也不要使焊剂污染换向器表面。焊接时，以使用松香焊剂较好。

4. 重绕电枢绕组

拆掉旧绕组，作好清理工作的电枢，就可以进行绕组重绕。重绕前首先应设置电枢绕组的绝缘，包括槽绝缘、轴绝缘和端部绝缘。单相串励电动机的槽绝缘与三相异步电动机类似，采用聚脂膜青壳纸等材料制成；轴绝缘是用玻璃丝带或黄蜡绸在铁心两端的轴上包缠数层而成；端部绝缘采用与铁心叠片形状相同的绝缘纸板，拆除旧绕组时应注意尽量不要损坏它。若损坏，可用1mm的绝缘纸板照样制作（或用0.5mm厚两层，接缝错开）垫在铁心端部。

由于单相串励电动机容量较小，它的电枢一般采用手绕。如前述，其绕组形式为单叠绕组。具体绕线方法有叠绕法和对绕法两种。

（1）叠绕法和对绕法的绕制顺序

1）叠绕法：图4-28为叠绕法绕线顺序。图中以铁心槽数为9槽，绕组跨距为4的电动机为例说明。为了清晰，设每槽内只有1个元件（电动机铁心槽数与换向片数相等）。如图4-28a所示，第1个元件在1～5槽中绕成。到达规定匝数后，留出引线所需长度，弯折后扭成“麻花”状圈结；如图4-28b所示，在2～6槽中绕第2个元件。第2个元件绕完后，在扭出一个圈结；如图4-28c所示，在3～7槽中绕第3个元件……经过d、e、f、g、h各步骤，如图4-28i所示那样绕完最后一个元件（9～4）槽，并把它的尾端与最初的第1个元件首端扭成最后一个圈结，就完成了绕制工作。至此，每一槽内均有上、下两层，各元件间均符合单叠绕组的分布规律。按以上绕法，绕组在换向器侧扭成的各个圈结，正好是相邻元件的首末端。只需把它们刮漆后再焊到对应换向片上即可构成单叠绕组。

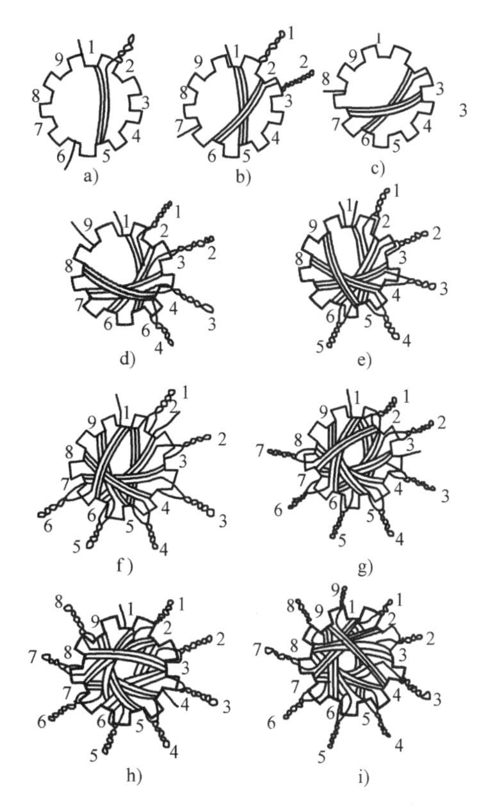

图4-28　单相串励电机叠绕法绕线顺序

在以上叠绕法中，每一后绕的绕组端部都叠在先绕的绕组端部之上。故后绕的绕组，端部越来越长，绕组也越来越重。这将使电枢重心偏离转轴中心，在高速转动时造成振动。这是叠绕法的主要缺点。对容量大一些的串励电动机，一般采用对绕法来克服这个缺点。

2）对绕法：图4-29为对绕法绕线顺序。图中仍以铁心槽数为9，绕组节距为4，每槽1个元件的电动机为例说明。在图4-29a中可见，第1个元件绕在1～5槽中。绕到规定匝数后，把导线尾一直绕到导线头附近，留出足够的引线长度后剪断。图4-29b中第2个元件不再像叠绕法那样从第2槽开始绕，而是从第1个元件所占的第5槽（即第1元件所占两槽中没有引线那一槽）开始，按节距4绕制，在5～9槽中绕成。绕成后，导线的头、尾留在5槽附近。下一步如图4-29c所示，在9～4槽中绕第3个元件，头、尾留在9槽附近……按照以上规律，依次按d～i各步骤即可绕完所有元件。在绕制过程中，注意把各绕组头随时与相邻槽中绕组的尾扭成圈结。图4-29c中把第3个元件的尾与下一槽中第1个元件的头扭接，图4-29d中把第4个元件的尾与下一槽中第二个元件的头相扭接等。这样，即可在全部绕组绕完后，扭成全部圈结，如图4-29i所示。

当然，也可以在全部绕组绕完后，再对它们的头尾进行扭接。无论何时扭接，连接原则

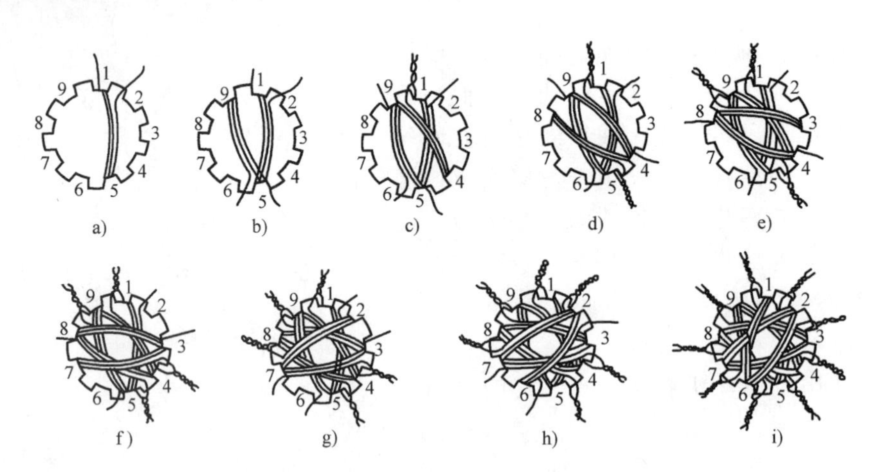

图 4-29　单相串励电机对绕法绕线顺序

都是把前一槽线圈的末端（尾）与后一槽绕组的始端（头）相扭接。

对绕法的特点是每两个绕组位置相互对称。虽然也存在后绕的绕组比先绕的要大，但绕组重心不致偏离轴心，故电动机稳定性较好。对绕法的缺点在于它的绕法比叠绕法复杂，接线易于搞错。尤其是每槽中线圈数较多，易于出现错焊。

（2）单相串励电动机电枢绕组烧制工艺

实际的单相串励电动机电枢绕组，换向器片数槽数多，每槽中常有 2 ~ 3 个元件。因此，它的电枢绕组的绕制工艺也就比较复杂。

对每槽内有 2 个线圈元件（换向片数为槽数的 2 倍）的电枢绕组，通常称为 2:1 的电枢绕组，可使用图 4-30 的绕法。按常规在 1 ~ 5 槽内绕完第 1 个元件后，由于第 2 个元件仍在 1 ~ 5 槽中，故把导线弯折扭成一个圈结（中心抽头圈结），然后在 1 ~ 5 槽中再绕一个元件。第 2 个元件绕完后，再打一个圈结（末端圈结）后，进入下一槽绕第 3 个元件。这种绕法相当于对 1 ~ 5 槽中的绕组作了中心轴头，抽头与绕组头、尾分别形成两个元件。

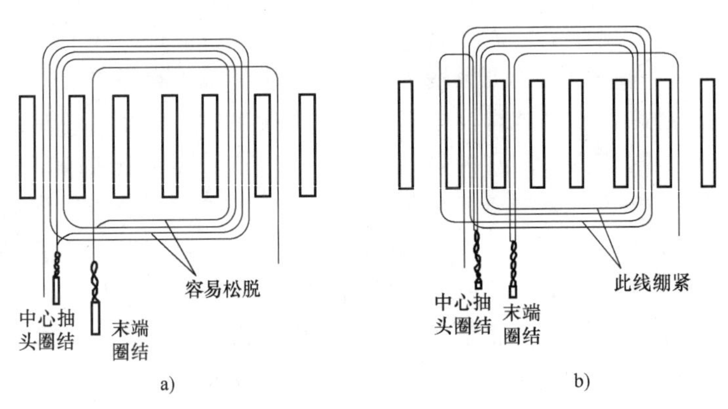

图 4-30　单相串励电动机绕制工艺
a）绕制原理图　b）实际绕制方法

实际操作时，各元件末端（尾）扭结后均容易松脱，影响电枢端部的牢固性，故常按图 4-30b 的绕制方法进行。当一个元件绕完后，并不立即进行扭接，而是把绕组的末端（尾）在始端（头）的前一槽穿过，再从始端所在槽穿回。令需要扭接的头、尾并行排列，

这样扭接后形成的引出线很牢固。

采用中心抽头的方法，每槽 2 元件时，会有线头、中心抽头圈结几个引出端。焊接引线时，应注意对它们加以区别，以免造成焊接困难和误焊。区别的方法可采用不同长度的圈结或采用不同颜色的套管等。

在换向片数为槽数的 3 倍时，称为 3:1 的电枢绕组，也可采用上述的中心抽头绕法。但这时除头、尾外还存在两个抽头圈结，绕制费时、焊接复杂。尤其是采用对绕法时，更容易出现错焊。对于 3:1 的绕组常采用 3 根导线并绕的绕制方法，具体绕制工艺如图 4-31 所示。在槽 1～5 内 3 根导线并绕出该槽内的 3 个元件，绕到规定匝数后，按固定尾端的工艺方法把 3 根导线一同从第 1 槽的前一槽穿过去，再由第 1 槽穿回来，剪断成为 3 个线圈的尾端。

由于不能直观判定 3 个并绕线圈各自的首尾对应关系，需使用万用表或试灯来分出各元件的对应两端。设 3 个线圈首端分别为图 4-31 中 a、b、c，尾端为 a′、b′、c′。则按 3 个元件的串联关系，需把 a′与 b 扭成圈结；b′与 c 扭成圈结。a 端是串联后各元件的始端，与上一槽（整个电枢绕制的最后一槽）的末端扭接；c′为串联后总的末端，应当与下一槽的始端扭接。

3:1 的电枢绕组，圈结数量更多，绕制时更应注意以明显的标记区别各圈结。尤其要注意它们之间的串联顺序应与换向片上焊接顺序相同。如果焊接顺序搞错，造成图 4-26 中那样的错焊状况，将使电动机不能正常运行。

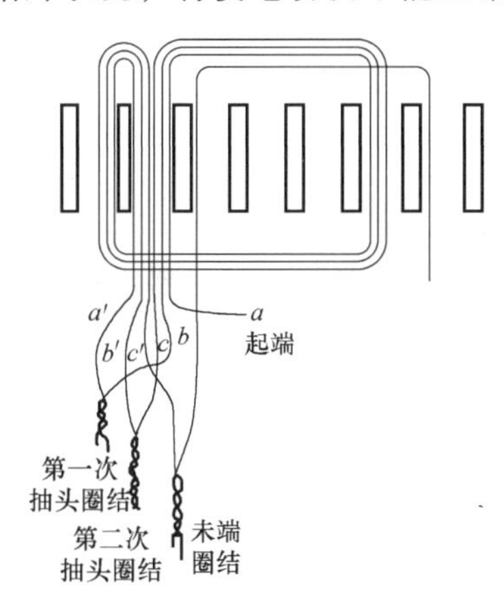

图 4-31　3:1 电枢绕组并绕工艺

图 4-32　电枢绕组与换向片的焊接

5. 绕组引出线的焊接工艺

正确绕制完的电枢绕组，头尾扭成的圈结数必然与换向片数相等。认真检查各圈结排列的正确性后，把它们表面的漆刮干净，就可以按拆除时的记录，确定线头焊接位置（如图 4-27 中的某一种），进行焊接。

焊接前，要把升高片槽内的残留导线段清楚，再把相应的引出线镀锡后压入槽内，用竹或木片压住线头进行焊接。焊接方法如图 4-32 所示。焊接时，注意保持换向器表面的清洁。应当使用松香焊剂，不能使用酸性焊剂。焊完后，仔细切除升高片外伸出的线头，检查引线与换向片连接的正确性和各片的焊接质量。

6. 试验和绝缘处理

对绕制好的电枢绕组，可像定子线包一样进行耐压和绝缘电阻试验，并可按图 4-26 的接线进行片间电压检查。确定绕组合格后，再进行绝缘处理和浸漆烘干，就完成了修理。

【任务评价】(该项任务检测评价总分为100分)

1. 拆除单相串励电动机定子绕组旧线包测评

将拆除定子绕组旧线包过程中所记录的相关数所填入表4-12中。

表4-12 单相串励电动机定子绕组旧线包测评内容(20分)

检测内容	电磁直径	绕组匝数	线包厚度	线包内尺寸	线包外尺寸
检测数据					
项目配分	4	4	4	4	4
实际得分					
总计得分					

2. 重新绕制单相串励电动机定子绕组线包测评

将重新绕制定子绕组线包过程中所记录的相关数据以及安装到定子铁心进行检测的数据填入表4-13中。

表4-13 单相串励电动机定子绕组新线包测评内容(25分)

检测内容	电磁直径	绕组匝数	线包厚度	线包内尺寸	线包外尺寸	绕组对地绝缘电阻
检测数据						
项目配分	4	4	4	4	4	5
实际得分						
总计得分						

3. 拆除单相串励电动机电枢绕组测评

将拆除电动机旧电枢绕组过程中所记录的相关数据填入表4-14中。

表4-14 单相串励电动机电枢绕组测评内容(25分)

检测内容	电动机型号	额定工作电压	电枢槽数	绕组节距	换向片数量	每槽导线根数	并绕导线根数	线径/mm
检测数据								
项目配分	3	3	3	4	3	3	3	3
实际得分								
总计得分								

4. 重新绕制单相串励电动机电枢绕组测评

将重新绕制电枢绕组过程中所记录的相关数据以及安装到铁芯进行检测的数据填入表4-15中。

表4-15 绕制单相串励电动机新电枢绕组测评内容(30分)

检测内容	每槽导线根数	并绕导线根数	线径/mm	绕组节距	绕组方式	绕组对地绝缘电阻
项目记录						
项目配分	5	5	5	5	5	5
实际得分						
总计得分						

1. 更换单相串励电动机定子绕组的工艺步骤有那些?
2. 单叠绕组的叠绕法和对绕法有什么区别?二者各有什么特点?
3. 焊接单相串励电动机电枢绕组引线时,有哪些注意事项?

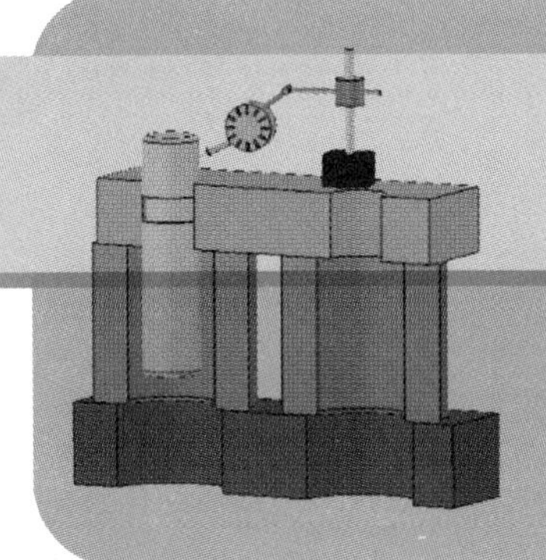

项目五

常见低压电器的检修

低压电器元件通常是指工作在交流电压小于1200V、直流电压小于1500V的电路中起通、断、保护、控制或调节作用的各种电器元件。常用的低压电器元件主要有刀开关、熔断器、断路器、接触器、继电器、按钮等。低压电器元件的分类见表5-1。

表5-1 低压电器元件的分类

分类方式	类　型	说　明
按用途	低压配电电器	用于低压配电系统中,实现电能的输送、电路和用电设备的分配及保护等作用,如刀开关、组合开关、熔断器等
	低压控制电器	用于电气控制系统中,实现发布指令、控制系统状态及执行动作等作用,如接触器、继电器、主令电器等
按触头类型	有触头电器	利用触头的接通和分断来切换电路,如接触器、刀开关、按钮等
	无触头电器	无可分离的触头,利用电子元件的开关效应实现电路的通、断控制,如接近开关、电子式时间继电器等
按工作原理	电磁式电器	根据电磁感应原理来动作的电器,如交流、直流接触器,各种电磁式继电器,电磁铁等
	非电量控制电器	依靠外力或非电量信号的变化而动作的电器,如转换开关、速度继电器、压力继电器、温度继电器等
按动作方式	自动电器	指依靠电器本身参数变化自动完成接通或分断等动作,如接触器、继电器等
	手动电器	指依靠人工直接完成动作切换的电器,如按钮、刀开关等

本项目我们将以常用低压电器的工作原理、用途、型号、选择及检修为主要内容展开学习。

【能力目标】

技能目标

1）会正确选用常用低压电器。

2）会常用低压电器的拆、装及排除故障。

知识目标

1）了解常用低压电器的种类、型号。

2）了解常用低压电器的结构、功能与工作原理。

3）熟悉常用低压电器的外形、符号与主要用途。

4）熟悉常用低压电器常见故障产生的原因及检修思路。

任务一　刀开关和转换开关的检修

【任务描述】

利用实训室准备的器材工具完成刀开关和组合开关的拆卸、检修。

【任务目标】

1. 了解刀开关和组合开关的选用方法。
2. 掌握刀开关和组合开关的故障排除方法。
3. 熟练掌握刀开关的安装、拆卸过程。
4. 熟练掌握组合开关的安装、拆卸过程。

【所需器材】

刀开关和组合开关的检修工具见表5-2，检修元件见表5-3。

表5-2　检修工具

序号	名称	型号规格	数量
1	螺钉旋具	一字型	1
2	螺钉旋具	十字型	1
3	尖嘴钳		1
4	万用表	MF47 型	1
5	活扳手		1

表5-3　检修元件

序号	名称	型号规格	数量
1	刀开关	220V、10A	1
2	组合开关	HZ10-10/3	1

【任务实施】

一、刀开关的拆卸和更换

1. 注意事项

1）刀开关要垂直安装且合闸状态时手柄应朝上。垂直安装时，手柄向上闭合为接通电源，向下闭合为切断电源。不允许反装或平装，以防发生误合闸事故，若反装手柄会因为闸刀松动自然落下而误将电源接通。

2）电源进线接在静触头的端子上，负荷线接在与闸刀相连的动触头的端子上，开关断开后闸刀和熔体上都不会带电。

2. 刀开关的拆卸

第一步：用手将刀开关下胶盖用于紧固螺钉的螺母旋出，然后将该部分与底座分离，并将下胶盖取出，如图5-1所示。

第二步：重复第一步动作，将上胶盖与底座分离，并将上胶盖取出，如图5-2所示。

图5-1　拆除刀开关下胶盖

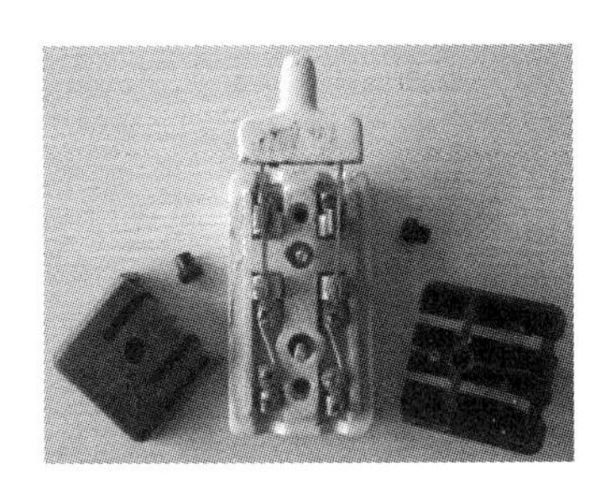

图5-2　拆除刀开关上胶盖

第三步：将刀开关的熔体取下，完成刀开关的拆卸，如图5-3所示。

3. 刀开关的更换

第一步：将主刀闸置于分闸位置，切断电路电源。

第二步：拆除刀开关的连接线。

第三步：松开底座所有螺栓。

第四步：将刀开关取下。

二、组合开关的拆卸和更换

1. 注意事项

a）组合开关应安装在控制箱内，操作手柄在控制箱的前面或后面，开关为断开状态时应使手柄在水平旋转位置。

b）安装在控制箱操作时，开关应装在箱内右上方。

2. 组合开关的拆卸

第一步：利用螺钉旋具将组合开关的旋转手柄取下，如图5-4所示。

第二步：将左右两侧用于固定的螺母旋出，取下转轴，如图5-5所示。

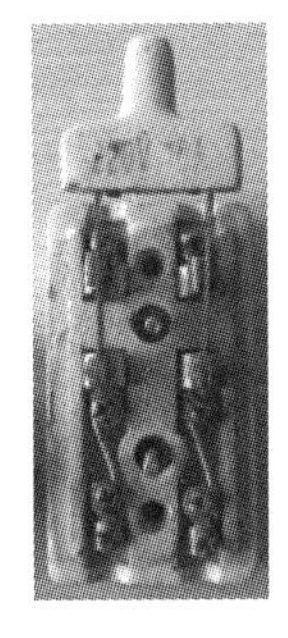

图5-3　拆除刀开关的熔体

图5-4　取下旋转手柄　　图5-5　取下转轴

第三步：将内部绝缘杆取出，如图 5-6 所示。

第四步：按顺序依次取下每层动触头与静触头，如图 5-7 所示。

图 5-6 取出绝缘杆

图 5-7 依次取下动触头与静触头

第五步：完成组合开关的拆卸，如图 5-8 所示。

图 5-8 组合开关拆卸图

3. 组合开关的更换

第一步：将组合开关置于断开状态位置，切断电路电源。

第二步：拆除开关的连接线。

第三步：松开固定螺栓。

第四步：将组合开关取下。

三、刀开关和组合开关的选择

1. 刀开关的选择

1）根据使用场合，选择刀开关的类型、极数及操作方式。刀开关结构形式的选择应根据刀开关的作用和装置的安装形式来选择是否带灭弧装置，若分断负载电流时，应选择带灭弧装置的刀开关。根据装置的安装形式来选择，是否是正面、背面或侧面操作形式，是直接操作还是杠杆传动，是板前接线还是板后接线的结构形式。

2）刀开关的额定电压应大于或等于线路电压。

3）刀开关额定电流应大于或等于线路的额定电流。对于电动机负载，开启式刀开关额定电流可取电动机额定电流的 3 倍；封闭式刀开关额定电流可取电动机额定电流的 1.5 倍。

4）通断能力、使用寿命的选择。

2. 组合开关选用

组合开关用作隔离开关时，其额定电流应为低于被隔离电路中各负载电流的总和；组合开关直接控制三相异步电动机的起动和正反转时，其额定电流一般取电动机额定电流的 1.5 至 2.5 倍。应根据电气控制电路中实际需要，确定组合开关接线方式，正确选择符合接线要求的组合开关规格。

四、故障排除

刀开关的常见故障及排除方法见表 5-4。

表 5-4　刀开关的常见故障及排除方法

类型	故障现象	产生原因	排除方法
开启式负荷开关	合闸后一相或两相没电	1. 插座弹性消失或开口过大 2. 熔体熔断或接触不良 3. 插座、触头氧化或有污垢 4. 电源进线或出线头接触不良	1. 更换插座 2. 更换熔体 3. 清洁插座或触头 4. 重新连接
	触头和插座过热或烧坏	1. 开关容量太小 2. 分、合闸时动作太慢造成电弧过大，烧坏触点	1. 更换较大容量的开关 2. 更换触头，并改进操作方法
	合闸后熔体熔断	1. 外接负载短路 2. 熔体规格偏小	1. 排除短路故障 2. 按要求更换熔体
封闭式负荷开关	操作手柄带电	1. 外壳接地线接触不良 2. 电源线绝缘损坏碰壳	1. 检查接地线 2. 更换导线
	夹座过热或烧坏	1. 夹座表面烧毛 2. 触头与夹座压力不足 3. 负载过大	1. 用细锉刀修整 2. 调整夹座压力 3. 减轻负载或调换较大容量的开关

组合开关的常见故障及其处理方法见表 5-5。

表 5-5　组合开关的常见故障及其处理方法

故障现象	产生原因	排除方法
手柄转动后，内部触头未动	1. 手柄上的轴孔磨损变形 2. 绝缘杆变形 3. 手柄与方轴或轴与绝缘杆配合松动 4. 操作机构损坏	1. 调换手柄 2. 更换绝缘杆 3. 固定松动部件 4. 修理更换
手柄转动后，动、静触头不能按要求动作	1. 组合开关型号选用不当 2. 触头角度装配不正确 3. 触头失去弹性或接触不良	1. 更换正确型号 2. 重新装配 3. 更换触头
接线柱间短路	绝缘损坏	更换开关

【相关知识链接】

一、刀开关

刀开关是一种手动配电电器，其外形及结构如图 5-9 所示。刀开关主要作为隔离电源开关使用，用在不频繁接通和分断电路的场合。刀开关的系列性和通用性强、使用寿命长、电动稳定性和热稳定性高、安装面积小、使用安全可靠等，常用型号有 HD11 ~ HD14 系列单投刀开关、HS11 ~ HS14 系列双投刀型转换开关。

1. 分类

刀开关按极数分为单级、双极和三级；按灭弧装置分为带灭弧装置和不带灭弧装置；按刀的转换方向分为单掷和双掷；按接线方式分为板前接线和板后接线；按结构分有平板式和条架式；按操作方式分有直接手柄操作式、杠杆操作机构式和电动操作机构式；按有无熔断器分为带熔断器和不带熔断器。

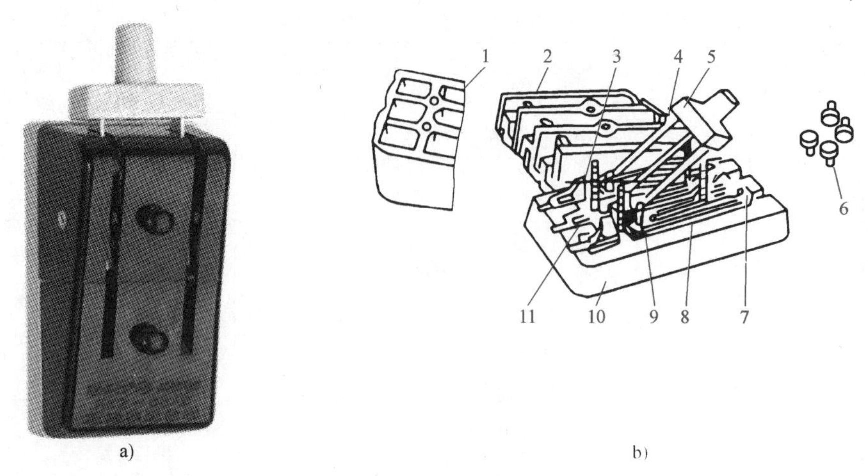

图 5-9 刀开关

a）刀开关外形图 b）刀开关结构图

1—上胶盖 2—下胶盖 3—插座 4—触刀 5—瓷柄 6—胶盖紧固螺钉 7—出线座 8—熔丝 9—触刀座 10—瓷底座 11—进线座

2. 型号

刀开关的型号标志组成及其含义如图 5-10 所示。

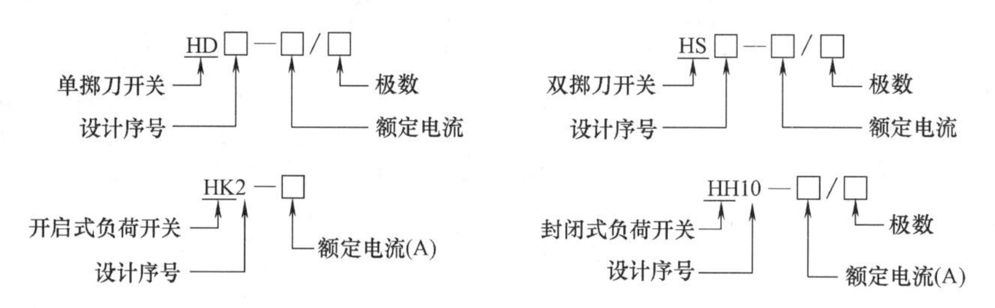

图 5-10 刀开关型号标志组成及其含义

3. 电气符号

刀开关的符号如图 5-11 所示。

4. 主要技术参数

刀开关的主要技术参数有额定电压、额定电流、通断能力、动稳定电流、热稳定电流等。

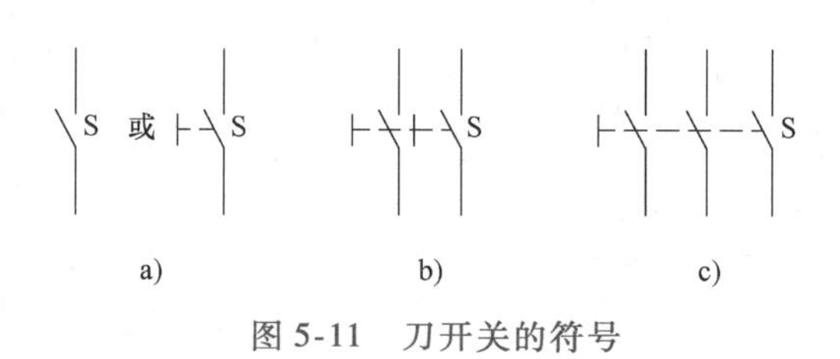

图 5-11 刀开关的符号

刀开关的主要技术参数有额定电压、额定电流、通断能力、动稳定电流、热稳定电流等。

1）通断能力是指在规定条件下，能在额定电压下接通和分断的电流值。

2）动稳定电流是指电路发生短路故障时，刀开关并不因短路电流产生的电动力作用而发生变形、损坏或触刀自动弹出之类的现象，这一短路电流（峰值）即称为刀开关的动稳定电流。

3）热稳定电流是指电路发生短路故障时，刀开关在一定时间内（通常为 1s）通过某一短路电流，并不会因温度急剧升高而发生熔焊现象，这一最大短路电流称为刀开关的热稳定电流。

HK1 系列胶盖开关的技术参数见表 5-6。

表 5-6 HK1 系列胶盖开关的技术参数

额定电流值/A	极数	额定电压值/V	可控制电动机最大容量值/kW		触刀极限分断能力（$\cos\phi=0.6$）/A	熔体极限分断能力/A	配用熔体规格			
							熔体成分（%）			熔体直径/mm
			220V	380V			铅	锡	锑	
15	2	220	—	—	30	500	98	1	1	1.45～1.59
30	2	220	—	—	60	1000				2.30～2.52
60	2	220	—	—	90	1500	98	1	1	3.36～4.00
15	2	380	1.5	2.2	30	500				1.45～1.59
30	2	380	3.0	4.0	60	1000				2.30～2.52
60	2	380	4.4	5.5	90	1500				3.36～4.00

二、组合开关

组合开关又称转换开关，其外形和结构如图 5-12 所示。组合开关控制容量比较小，结构紧凑，一般用于电气设备的非频繁操作、切换电源和负载以及控制小容量感应电动机和小型电器，如机床和配电箱，常用的产品有 HZ5、HZ10 和 HZ15 系列。

a)

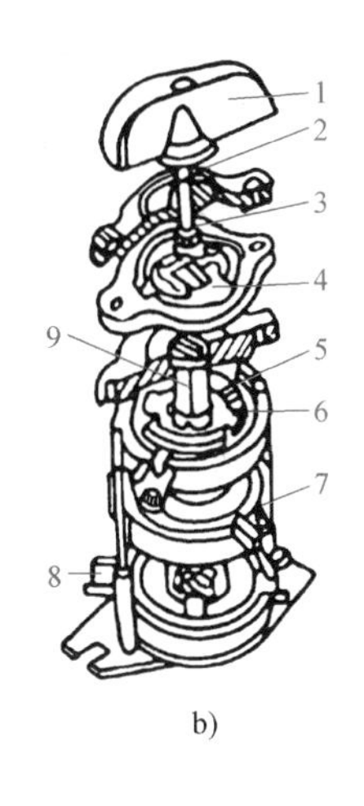

b)

图 5-12 组合开关

a）组合开关外形图 b）组合开关结构图

1—手柄 2—转轴 3—弹簧 4—凸轮 5—绝缘垫板 6—动触头 7—静触头 8—接线柱 9—绝缘杆

组合开关由分别装在多层绝缘件内的动、静触头组成，动触头装在附有手柄的绝缘方轴上，手柄沿任一方向每转动 90°，触头便轮流接通或断开。为了使开关在切断电路时能迅速灭弧，在刀开关转轴上装有扭簧储能机构，使开关能快速接通与断开，其通断速度与手柄旋转速度无关。

1. 类型

组合开关分为单极、双极和多极。

2. 型号

组合开关的型号标志组成及其含义如图 5-13 所示。

3. 电气符号

组合开关的结构示意图及图形符号如图 5-14 所示。

4. 主要技术参数

组合开关性能的主要技术参数有额定电压、额定电流、通断能力、机械寿命、电寿命。

HZ 10 —□□/□

组合开关 —— HZ

设计序号 —— 10

极数

开关专门用途代号

额定电流

图 5-13 组合开关

（1）额定电压

额定电压是指在规定条件下，开关在长期工作中能承受的最高电压。

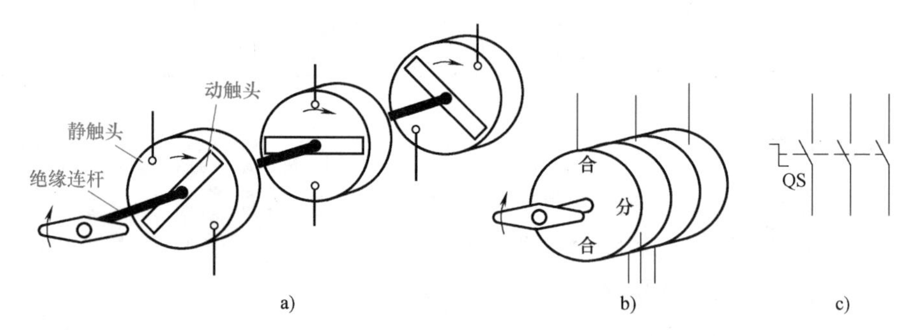

图 5-14 组合开关的结构示意图及符号

a）内部结构示意图 b）外形示意图 c）图形符号

（2）额定电流

额定电流是指在规定条件下，开关在合闸位置长期通过的最大工作电流。

（3）通断能力

通断能力指在规定条件下，在额定电压下能可靠接通和分断的最大电流值。

（4）机械寿命

机械寿命是指在需要修理或更换机械零件前所能承受的无载操作次数。

（5）电寿命

电寿命是指在规定的正常工作条件下，不需要修理或更换零件情况下，带负载操作的次数。

HZ10 系列组合开关主要技术参数见表 5-7。

表 5-7 HZ10 系列组合开关主要技术参数

型号	额定电压	额定电流值/A		380V 时可制电动机的功率/kW
		单极	三极	
HZ10-10	直流 220V 或交流 380V	6	10	1
HZ10-25		—	25	3.3
HZ10-60		—	60	5.5
HZ10-100		—	100	—

【任务评价】

1）熟悉常用电工工具及其作用，并填写表 5-8。

表 5-8　常用电工工具

工具名称	外形图	用途	配分	实际得分
钢丝钳			4	
尖嘴钳			4	
剥线钳			4	
电工刀			4	
螺钉旋具			3	
活扳手			3	
验电笔			3	
合计			25	

2）掌握刀开关、组合开关电器元件基本结构、测量、拆装、常见故障排除方法，并填写表 5-9 相关内容。

表 5-9　刀开关、组合开关的故障排除

故障编号	故障现象	原因分析	处理措施	配分	实际得分
1				15	
2				15	
3				15	
4				15	
5				15	
合计				75	

1. 刀开关都有哪些类型？它的主要用途是什么？
2. 如何选用刀开关、组合开关？

任务二　熔断器的检修

【任务描述】

通过本任务的学习，能够完成以下内容。

1）更换熔断器的方法技巧。

2）对故障熔断器进行检修。

3）熔断器操作过程的安全要点、注意事项。

【任务目标】

1）了解常用熔断器的种类、外观、型号。

2）理解常用熔断器的功能、结构、工作原理。

3）熟悉常用熔断器安装方法、选用原则。

4）掌握常用熔断器的拆装与维修。

【所需器材】

检修熔断器所需的工具及器材见表5-10。

表5-10　所需工具及器材

序号	名称	型号规格	数量
1	螺钉旋具	一字型	1
2	螺钉旋具	十字型	1
3	尖嘴钳		1
4	万用表	MF47型	1
5	熔断器	插入式、螺旋式各1个	2

【任务实施】

一、注意事项

1）更换熔体或熔管时，必须切断电源，尤其不允许带负荷操作，以免发生电弧灼伤。

2）熔断器兼做隔离器件使用时应安装在控制开关的电源进线端，若仅做短路保护用，应装在控制开关的出线端。

3）熔断器内要安装合格的熔体，不能用多根小规格熔体或导线并联代替一根大规格的熔体。

4）插入式熔断器应垂直安装，螺旋式熔断器的电源线应接在瓷底座的下接线座上，负载线应接在螺纹壳的上接线座上。这样在更换熔断器时，旋出螺帽后螺纹壳上不带电，保证操作者的安全。

5）安装熔断器时，各级熔体应相互配合，并做到下一级熔体规格比上一级规格小。

6）安装熔体时，熔体应在螺栓上沿顺时针方向缠绕，压在垫圈下，拧紧螺钉的力应适当。同时注意不能损伤熔体，以免减小熔体的截面积，产生局部发热情况而误动作。

7）安装熔断器时应保证熔体和夹头及夹头和夹座接触良好，并有额定电压、额定电流值标志。

二、检修熔断器

第一步：检查要更换的熔断器规格型号是否符合要求；查看熔断器外观是否存在硬伤、裂纹、烧闪痕迹；检查熔断器的各零部件是否齐全完整，动、静触头要接触良好；检查熔断器的熔体是否完好，对RC1A系列可拔下瓷盖进行检查，对RL1系列应首先查看其熔断指示器，如图5-15所示。

第二步：若熔体已熔断，按原规格选配熔体，不得随意改变其规格。

第三步：更换熔体。对RC1A系列熔断器安装熔体时，熔体的缠绕方向要正确，安装过

a)

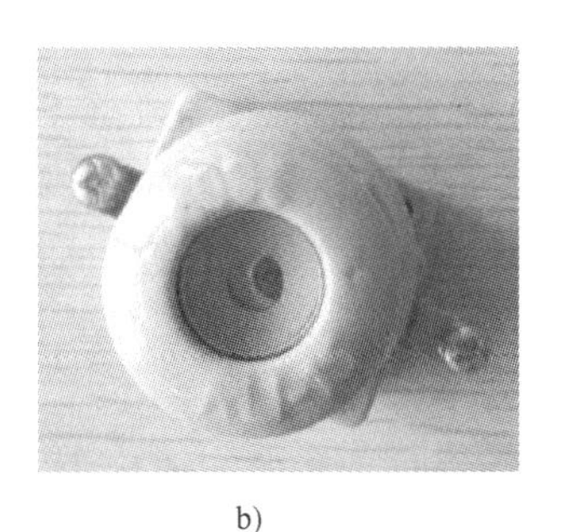

b)

图 5-15　熔断器熔体检查

a）RC1A 系列　b）RL1 系列

程不得损伤熔体；对 RL1 系列熔断器熔断管不能倒装，如图 5-16 所示。

a)

b)

图 5-16　熔断器熔体安装

a）RC1A 系列熔体更换　b）RL1 系列熔断管更换

第四步：用万用表检查更换熔体后的熔断器各部分接触是否良好，如图 5-17 所示。

a)

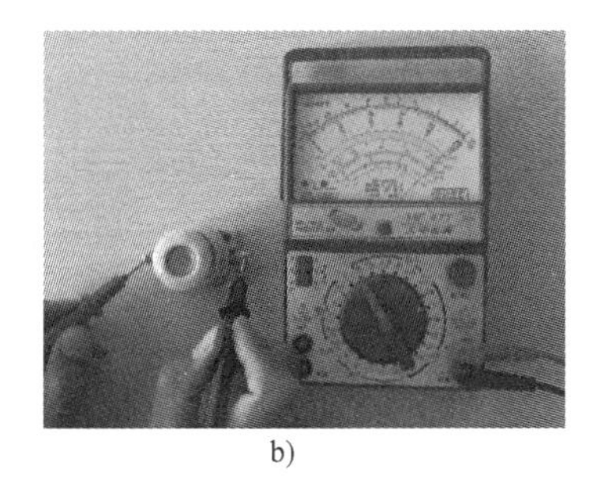

b)

图 5-17　熔断器接触点检查

a）RC1A 系列熔断器检查　b）RL1 系列熔断器检查

三、熔断器的选择

熔断器的选择一般要考虑熔断器类型、额定电压、额定电流和熔体额定电流等。

1）熔断器的类型主要根据被保护电路的要求和安装条件来确定，先选择熔体的规格，再根据熔体去确定熔断器的型号。

2）熔断器的额定电压应大于或等于实际电路的工作电压，若熔断器的实际工作电压大

于其额定电压，熔体熔断时可能会发生电弧不能熄灭的危险。

3）熔断器额定电流应大于或等于所装熔体的额定电流。

4）熔体额定电流是指在规定的工作条件下，长时间通过熔体而熔体不熔断的最大电流值。低压熔断器根据保护对象的不同，熔体额定电流的选择方法也有所不同。确定熔体电流是选择熔断器的关键，可参考以下几种情况：①对于照明线路或电阻炉等电阻性负载，熔体的额定电流应大于或等于电路的工作电流。②保护一台异步电动机时，考虑到电动机所受起动电流的冲击，熔体的额定电流应为电动机额定电流的1.5～2.5倍。③保护多台异步电动机时，若各台电动机不同时起动，熔体的额定电流容量最大电动机额定电流的1.5～2.5倍与其余电动机额定电流之和。④为防止发生越级熔断，上、下级（即供电干、支线）熔断器间应有良好的协调配合，为此，应使上一级（供电干线）熔断器的熔体额定电流比下一级（供电支线）大1～2个级差。

四、故障排除

熔断器的常见故障及排除方法见表5-11。

表5-11　熔断器的常见故障及排除方法

故障现象	产生原因	排除方法
电路接通瞬间 熔体即熔断	1. 熔体规格选择太小 2. 负载侧短路或接地 3. 熔体安装时损伤	1. 调换适当的熔体 2. 排除短路或接地故障 3. 调换熔体
熔体未熔断 但电路不通	1. 熔体两端或接线端接触不良 2. 熔断器的螺帽盖未旋紧	1. 重新连线 2. 旋紧螺帽盖

【相关知识链接】

一、熔断器的结构和用途

熔断器是串联连接在被保护电路中的，当电路短路时，电流很大导致熔体急剧升温熔断，所以熔断器可用于短路保护。由于熔体在用电设备过载时所通过的过载电流能积累热量，当用电设备连续过载一定时间后熔体积累的热量也能使其熔断，所以熔断器也可做过载保护。

熔断器主要由熔体、安装熔体的熔管和熔座三部分组成。

1. 熔体

（1）形状

熔体形状有丝状、片状或栅状。

（2）材料

1）铅、铅锡合金、锌等低熔点材料，用于小电流电路。

2）银、铜等高熔点金属材料，用于大电流电路。

2. 熔管

熔管是熔体的保护外壳，用耐热绝缘材料制成，熔体熔断时兼有灭弧作用。

3. 熔座

熔座是熔断器的底座，固定熔管和外接引线。

二、常用熔断器类型

1. 无填料插入式熔断器

插入式熔断器又称瓷插式熔断器，它由瓷盖、瓷底座、静触头、动触头和熔体组成，如图 5-18 所示。

插入式熔断器一般用于交流 50Hz、额定电压至 380V、额定电流至 200A 的低压照明线路末端或分支电路中，常用产品有 RC 和 RC1A 系列。

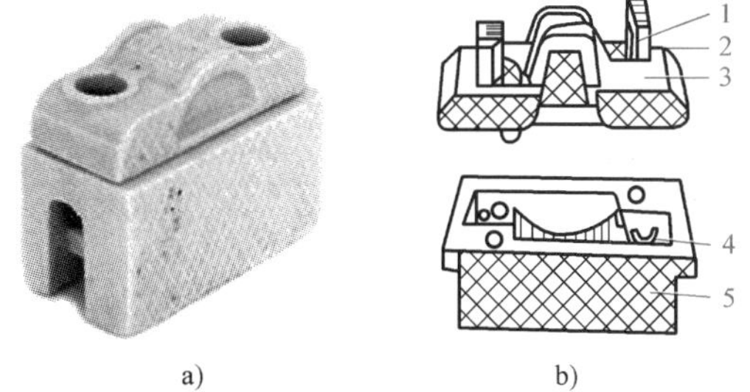

图 5-18　插入式熔断器

a）外形　b）内部结构

1—动触头　2—熔体　3—瓷插件　4—静触头　5—瓷座

2. 无填料封闭管式熔断器

无填料封闭管式熔断器由熔管、熔体和插座等组成，熔体被封闭在不充填料的熔管内，如图 5-19 所示。

无填料封闭管式熔断器灭弧力强、熔体更换方便，被广泛用于低压电力网或成套配电设备中，常用产品有 RM7 和 RM10 系列。

3. 有填料封闭管式熔断器

有填料封闭管式熔断器由瓷底座、管体、绝缘手柄、熔体等组成，如图 5-20 所示。有填料封闭管式熔断器装有熔断指示器，用以判断熔断器是否熔断。熔断指示器由一根细熔丝拉住，与熔体并联焊在触刀上。当电路发生故障时，细熔体被熔断，指示器被弹簧弹出。

图 5-19　无填料封闭管式熔断器

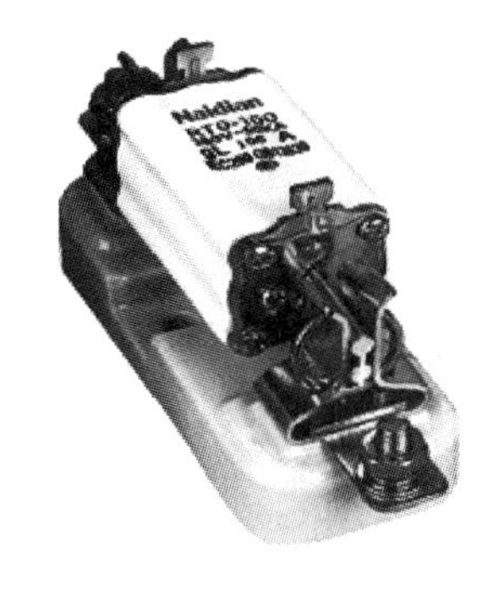

图 5-20　有填料封闭管式熔断器

有填料封闭管式熔断器特点是分断能力强、保护特性好、有醒目的熔断指示器，常用于大容量的电力网或配电设备中，常用产品有 RT14、RT15 等系列。

4. 螺旋式熔断器

螺旋式熔断器主要由瓷帽、熔管、瓷套及瓷座等组成，如图 5-21 所示。熔管是一个瓷管，内装石英砂和熔体。熔体两端焊在熔管两端的导电金属端盖上，其上端盖中央有熔断指示器。

螺旋式熔断器一般用于配电线路中，也常用于机床控制电路，常用产品有 RL1 系列。

5. 快速熔断器

快速熔断器的结构与有填料封闭式熔断器基本相同，但熔体材料和形状不同，它是以银片冲制的有 V 形深槽的变截面熔体，如图 5-22 所示。

快速熔断器接入电路的方法有三种：接入交流侧、接入整流桥臂和接入直流侧，快速熔断器常用产品有 RS、NGT 和 CS 等系列。

图 5-21　RL1 系列螺旋式熔断器

图 5-22　快速熔断器

三、熔断器的表示方式

1. 型号

熔断器的型号标志组成及其含义如图 5-23 所示。

2. 电气符号

熔断器符号如图 5-24 所示。

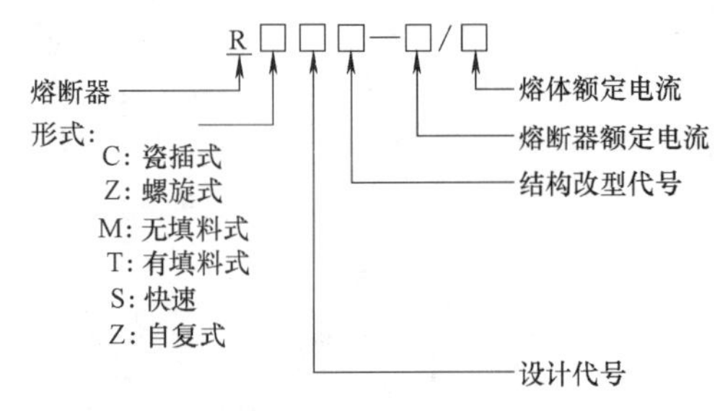

图 5-23　熔断器的型号标志组成及其含义

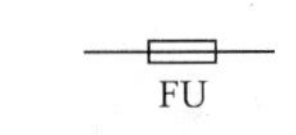

图 5-24　熔断器符号

四、熔断器的主要技术参数

熔断器的主要技术参数包括额定电压、熔体额定电流、熔断器额定电流、极限分断能力等，熔断器的极限分断能力指在额定电压下其所能关断的最大短路电流。熔断器的主要技术参数见表 5-12。

表 5-12　熔断器的主要技术参数

型　号	额定电压/V	额定电流/A		分断能力/kA
		熔断器	熔体	
RL6－25	~500	25	2、4、6、10、20、25	50
RL6－63		63	35、50、63	
RL6－100		100	80、100	
RL6－200		200	125、160、200	
RLS2－30		30	16、20、25、30	
RLS2－63		63	32、40、50、63	
RLS2－100		100	63、80、100	

（续）

型　　号	额定电压/V	额定电流/A		分断能力/kA
		熔断器	熔体	
RT12－20	~415	20	2、4、6、10、15、20	80
RT12－32		32	20、25、32	
RT12－63		63	32、40、50、63	
RT12－100		100	63、80、100	
RT14－20	~380	20	2、4、6、10、16、20	100
RT14－32		32	2、4、6、10、16、20、25、32	
RT14－63		63	10、16、20、25、32、40、50、63	

【任务评价】

1）将熔断器的检修过程按要求记入表 5-13。

2）将常见低压熔断器的名称、型号、特点、适用范围填入表 5-14 中。

表 5-13　熔断器的检修

步骤	操作内容	使用工具	注意事项
第一步			
第二步			
第三步			
第四步			
第五步			

表 5-14　常见熔断器的情况

名称	型号	特点	适用范围

思考与练习

1. 熔断器的作用是什么？
2. 选择熔断器时要注意哪些问题？
3. 熔断器常见的故障有哪些？如何进行排除？

任务三 低压断路器的检修

【任务描述】

使用低压断路器来实现短路保护比熔断器效果更优越，因为当三相电路短路时，很可能只有一相的熔断器熔断，造成缺相运行。对于低压断路器来说，只要造成短路都会使开关跳闸，将三相同时切断。低压断路器结构相对复杂、操作频率低、价格较高，因此适用于要求较高的场合，图 5-25 所示为 DZ 系列低压断路器外形。通过本任务将完成以下内容：

1）了解维修低压断路器的安全规范。

2）按要求安装低压断路器。

3）对低压断路器进行故障排除。

图 5-25 DZ 系列低压断路器

【任务目标】

1）了解低压断路器的结构、功能及工作原理。

2）掌握低压断路器安装注意事项、选用方法。

3）掌握低压断路器检修与故障处理。

【任务实施】

一、注意事项

1）低压断路器应垂直于安装配电板，电源引线应接到上端，负载引线接到下端。

2）低压断路器用作电源总开关或电动机的控制开关时，在电源进线侧必须加装刀开关或熔断器，以形成断开点。

3）调整好的各脱扣器动作值，不允许随意变动，以免影响其动作值，并定期检查各脱扣器的动作值是否满足要求。

4）使用过程中若遇分断短路电流，应及时检查触头系统，若发现电灼烧痕，及时修理更换。

5）使用前应将脱扣器工作面上的防锈油脂擦净，同时定期检修，清除断路器上的积尘，给操作机构添加润滑剂。

二、断路器的选择

低压断路器的选择应注意以下几点：

1）断路器类型的选择，应根据使用场合和保护要求来选择。如一般选用塑壳式；短路电流很大时选用限流型；额定电流比较大或有选择性保护要求时选用框架式；控制和保护含有半导体器件的直流电路时应选用直流快速断路器等。

2）断路器额定电压、额定电流应大于或等于电路、设备的正常工作电压、工作电流。

3）断路器极限通断能力大于或等于电路最大短路电流。

4）欠电压脱扣器额定电压等于电路额定电压。

5）过电流脱扣器的额定电流大于或等于电路的最大负载电流。

6）配电线路中的上、下级断路器的保护特性应协调配合，下级的保护特性应位于上级保护特性的下方且不相交。

7）断路器的长延时脱扣电流应小于导线允许的持续电流。

三、塑壳式断路器的检修

1. 运行中的检查

1）检查负荷电流是否超过断路器的额定值。

2）检查信号指示与电路分、合闸状态是否相符。

3）检查操作手柄和绝缘外壳有无破损现象。

4）检查触头系统和导线连接处有无过热现象。

5）检查断路器运行中有无异常响声。

6）检查脱扣器工作状态，如整定值指示位置是否与被保护负荷相符，电磁铁表面及间隙是否清洁，弹簧外观有锈蚀、线圈有无过热及异常声响等。

7）若发生长时间的负荷变动，则需相应调节过电流脱扣器的整定值，必要时应更换设备或附件。

8）检查灭弧罩的工作位置是否移动，外观是否完整，有无喷弧痕迹和受潮情况。

2. 定期检修

1）定期清除低压断路器上的尘垢，以免影响操作和绝缘。

2）取下灭弧罩，如图 5-26 所示，检查灭弧栅片的完整性，清除表面的烟痕和金属粉末，外壳应完整无损。若有损坏，则应及时更换。

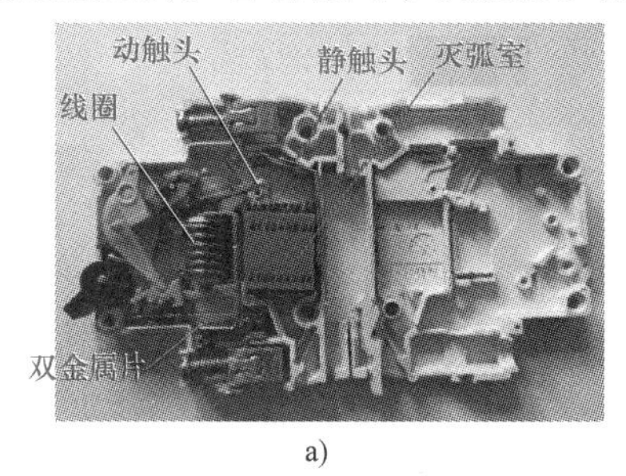

a)

b)

图 5-26　DZ 系列断路器灭弧罩

a）打开断路器外壳　b）取出灭弧室

3）若触头表面有毛刺和金属颗粒应及时修整清理，以保证接触良好。若触头银钨合金表面烧损并超过 1mm 时，则应更换新触头。

4）检查触头压力有无因过热而失效，调节三相触头的位置和压力，使其保持三相同时闭合，并保证接触面完整、接触压力一致。

5）用手动缓慢分、合闸，检查辅助触头的常开、常闭工作状态是否符合要求，并清洁触头表面，对损坏的触头应予更换，如图 5-27 所示。

6）检查脱扣器的衔接和弹簧活动是否正常，动作应无卡阻，电磁铁工作极面应清洁平滑，无锈蚀、毛刺和污垢；查看热元件的各部位有无损坏，其间隙是否正常。如有不正常情况时，应进行清理或调整。

a)

b)

图 5-27 DZ 系列断路器分、合闸状态

a）断路器分闸 b）断路器合闸

7）对机构各摩擦部位应定期加润滑油。

低压断路器定期检修完毕后应做传动试验，检查其是否正常。特别是对电气连锁系统，要确保其接线正确、动作可靠。

四、故障排除

低压断路器常见故障及排除方法见表 5-15。

表 5-15 低压断路器常见故障及排除方法

序号	故障现象	产生原因	排除方法
1	手动操作断路器不能闭合	1. 反作用弹簧力过大 2. 机构不能复位再扣 3. 欠电压脱扣器无电压或线圈损坏 4. 储能弹簧变形，导致闭合力减小	1. 重新调整弹簧反作用力 2. 调整再扣接触面至规定值 3. 检查电路，施加电压或调换线圈 4. 调换储能弹簧
2	电动操作断路器不能闭合	1. 电源电压不符 2. 电源容量不够 3. 电磁铁拉杆行程不够 4. 电动机操作定位开关变位	1. 调换电源 2. 增大操作电源容量 3. 调整或调换拉杆 4. 调整定位开关
3	电动机起动时断路器立即分断	1. 过电流脱扣器瞬时整定值太小 2. 脱扣器某些零件损坏 3. 脱扣器反力弹簧断裂或落下	1. 调整瞬间整定值 2. 调换脱扣器或损坏的零部件 3. 调换弹簧或重新装好弹簧
4	分励脱扣器不能使断路器分断	1. 线圈短路 2. 电源电压太低 3. 再扣接触面太大	1. 调换线圈 2. 检修电路调整电源电压 3. 重新调整
5	欠电压脱扣器噪声大	1. 反作用弹簧力太大 2. 铁心工作面有油污 3. 短路环断裂	1. 调整反作用弹簧 2. 清除铁心油污 3. 调换铁心
6	欠电压脱扣器不能使断路器分断	1. 反力弹簧弹力变小 2. 储能弹簧断裂或弹簧力变小 3. 机构生锈卡死	1. 调整弹簧 2. 调换或调整储能弹簧 3. 消除卡死
7	断路器闭合后经一定时间自行分断	热脱扣器整定值过小	调高整定值至规定值
8	断路器温升过高	1. 触头压力过低 2. 触头表面过分磨损或接触不良 3. 两个导电零件连接螺钉松动 4. 触头表面油污氧化	1. 调整触头压力或更换弹簧 2. 更换触头或整修接触面 3. 拧紧螺钉 4. 调整触头，清理氧化膜

【相关知识链接】

一、低压断路器的结构和工作原理

低压断路器又称自动空气开关，在电气线路中起接通、分断和承载额定工作电流的作用，并能在电路和电动机发生过载、短路、欠电压的情况下进行可靠的保护，是低压配电网中一种重要的保护电器。低压断路器具有动作值可调、分断能力高、操作方便、安全等优点，所以目前被广泛应用。常用的低压断路器有 DZ 系列、DW 系列和 DWX 系列，图 5-28 所示为 DZ5 系列低压断路器。

a)

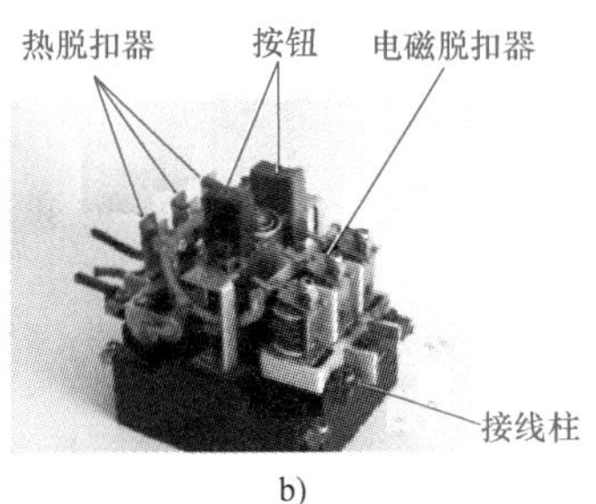

b)

图 5-28　DZ5 系列低压断路器

a）外形　b）内部结构

低压断路器的结构示意如图 5-29 所示，低压断路器主要由主触头、灭弧系统、各种脱扣器和操作机构等组成。主触头由动触头、静触头组成，用以接通和分断主回路的大电流。灭弧系统在动触头、静触头之间配有栅片灭弧装置。脱扣器又分电磁脱扣器、热脱扣器、复式脱扣器、欠电压脱扣器和分励脱扣器等。热脱扣器用作过载保护，由加热元件和双金属片构成，可调节整定电流；电磁脱扣器用作短路保护，由线圈和铁心组成，可调节瞬时脱扣整定电流；欠电压脱扣器用于欠电压保护。操作机构通过储能弹簧和杠杆机构实现断路器的手动接通和分断操作。

图 5-29 所示为断路器闭合状态，3 个主触头通过传动杆与锁扣保持闭合，锁扣可绕轴 5 转动。断路器的自动分断是由电磁脱扣器 6、欠压脱扣器 11 和双金属片 12 使锁扣 4 被杠杆 7 顶开而完成的。正常工作中，各脱扣器均不动作，而当电路发生短路、欠压或过载故障时，分别通过各自的脱扣器使锁扣被杠杆顶开，实现保护作用。

二、类型

低压断路器按结构形式分，主要可分为开启式和装置式；按极数不同，可分为单极、双极和三极，如图 5-30 所示；按操作方式可分为人力操作、动力操作和储能操作；按安装方式可分为固定式、插入式、抽屉式；按用途可分为配电用断路器、电动机保护用断路器和其他负载用断路器。

1. 装置式断路器

装置式断路器又称为塑壳式断路器，如图 5-31 所示，可手动或电动（对大容量断路器而言）合闸，有较高的分断能力和动稳定性，有较完善的选择性保护功能，广泛用于配电线路。目前常用的有 DZ15、DZ20、DZX19 和 C65N 等系列产品。C65N 断路器体积小，分断能力高，限流性能好，操作轻便，型号规格齐全，可以方便地在单极结构基础上组合成二极、三极、四极断路器的优点，广泛使用在 60A 及以下的民用照明主干线及支路中。

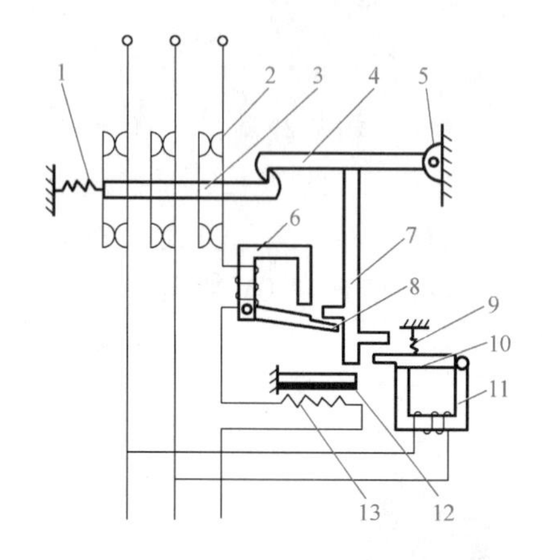

图 5-29　低压断路器结构示意图

1—弹簧　2—主触头　3—传动杆　4—锁扣　5—轴
6—电磁脱扣器　7—杠杆　8、10—衔铁　9—弹簧
11—欠压脱扣器　12—双金属片　13—发热元件

图 5-30　单极、双极和三极断路器

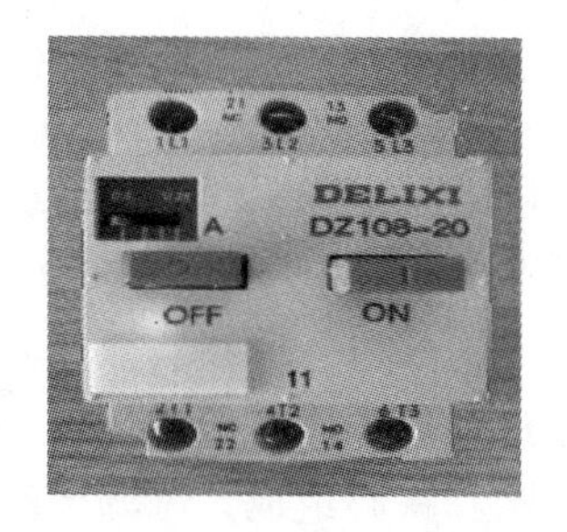

图 5-31　DZ108 系列装置式断路器

图 5-32　DW15 系列框架式断路器

2. 框架式低压断路器

框架式断路器又称为开启式断路器，如图 5-32 所示，一般容量较大，具有较高的短路分断能力和较高的动稳定性。适用于交流 50Hz，额定电压 380V 的配电网络中作为配电干线的主保护。目前我国常用的有 DW15、ME、AE、AH 等系列的框架式低压断路器。

3. 智能化断路器

智能化断路器的特征是采用了以微处理器或单片机为核心的智能控制器（智能脱扣器），它不仅具备普通断路器的各种保护功能，同时还具备实时显示电路中的各种电气参数（电流、电压、功率、功率因数等），对电路进行在线监视、自行调节、测量、试验、自诊断、通信等功能。

三、表示方式

1. 型号

低压断路器的标志组成及其含义如图 5-33 所示。

2. 电气符号

低压断路器的图形符号如图 5-34 所示。

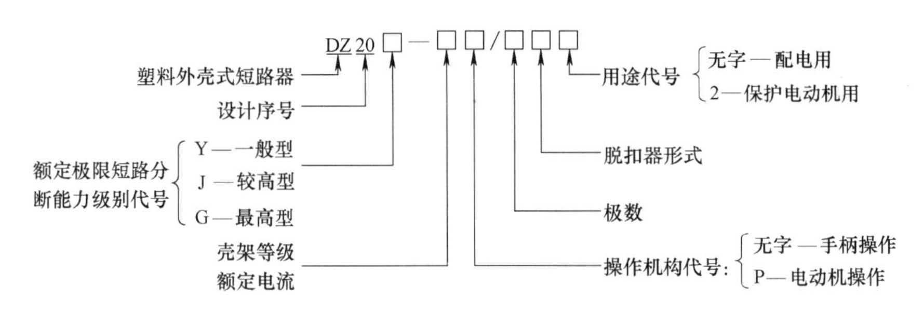

图 5-33　低压断路器的标志组成及其含义

四、低压断路器的主要技术参数

低压断路器的主要技术参数有额定电压、额定电流、通断能力和分断时间等。通断能力是指断路器在规定的电压、频率以及规定的电路参数（交流电路为功率因数，直流电路为时间常数）下，能够分断的最大短路电流值。分断时间是指断路器切断故障电流所需的时间。

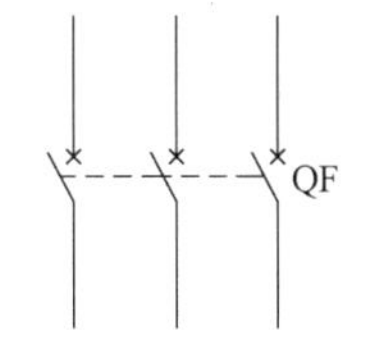

图 5-34　低压断路器符号

DZ20 系列低压断路器的主要技术参数见表 5-16。

表 5-16　DZ20 系列低压断路器的主要技术参数

型号	额定电流/A	机械寿命/次	电气寿命/次	过电流脱扣器范围/A	短路通断能力			
					交流		直流	
					电压/V	电流/kA	电压/V	电流/kA
DZ20Y－100	100	8000	4000	16、20、32、40、50、63、80、100	380	18	220	10
DZ20Y－200	200	8000	2000	100、125、160、180、200	380	25	220	25
DZ20Y－400	400	5000	1000	200、225、315、350、400	380	30	380	25
DZ20Y－630	630	5000	1000	500、630	380	30	380	25
DZ20Y－800	800	3000	500	500、600、700、800	380	42	380	25
DZ20Y－1250	1250	3000	500	800、1000、1250	380	50	380	30

【任务评价】

拆开一只塑壳式断路器，将其主要零部件名称、作用填入表 5-17 中。

表 5-17　塑壳式断路器零部件记录

序 号	名　称	作　用

1. 画出低压断路器的符号并叙述其作用。
2. 低压断路器的选用原则有哪些?
3. 低压断路器定期检修包括哪些内容?

任务四 接触器的检修

【任务描述】

1）学生通过拆装交流接触器，熟练掌握正确的拆装步骤。

2）通过观察交流接触器的内部结构与动作，理解交流接触器的工作原理。

3）能用所给工具对交流接触器进行检测，培养学生认识交流接触器常见故障和解决问题的综合能力。

【任务目标】

1）了解交流接触器的种类、型号。

2）熟悉交流接触器的功能、结构、工作原理、选用原则。

3）掌握交流接触器的拆装与维修。

【所需器材】

本任务所需工具及元件见表5-18。

表5-18 所需工具及元件

序号	名称	型号规格	数量
1	螺钉旋具	一字型	1
2	螺钉旋具	十字型	1
3	尖嘴钳		1
4	镊　子		1
5	万用表	MF47 型	1
6	交流接触器	CJT1 系列	1

【任务实施】

一、注意事项

1）因分断负荷时有火花和电弧产生，开启式接触器不能用于易燃易爆的场所和有导电性粉尘多的场所，也不能在无防护措施的情况下在室外使用。

2）使用时应注意接触器触头和线圈是否过热，三相主触头一定要保持同步动作，分断时电弧不得太大。

3）交流接触器控制电动机或线路时，必须与过电流保护装置配合使用，接触器本身无过电流保护性能。

4）短路环和电磁铁吸合面要保持完好、清洁。

5）接触器安装在控制箱或防护外壳内时，由于散热条件差，环境温度较高，应适当降低容量使用。

6）接触器一般应安装在垂直面上，倾斜度不得超过50°；安装接线时，注意不要将零件掉入接触器内部。

二、接触器的选用

接触器的选择应根据实际控制电路的要求，合理地选用，主要考虑以下内容：

1）根据负载性质选择接触器的类型。由控制对象电流类型来选用交流或直流接触器。控制系统中主要是交流对象，而直流对象容量较小，也可全用交流接触器，但触头的额定电流要选大些。

2）接触器主触头的额定电压应大于或等于负载电路工作电压。

3）接触器主触头的额定电流应大于或等于负载电路的额定电流。对于电动机负载，还应根据其运行方式适当增大或减小，可按下式推算。

$$I_N = \frac{P_N \times 10^3}{\sqrt{3} U_N \cos\phi \eta}$$

式中　I_N——电动机的额定电流，单位为A；

U_N——电动机的额定电压，单位为V；

P_N——电动机的额定功率，单位为kW；

$\cos\phi$——功率因数；

η——电动机的效率。

4）接触器吸引线圈的额定电压与频率要与所在控制电路的选用电压和频率相一致。

5）接触器的触头数量应满足控制支路数的要求，触头类型应满足控制电路的功能要求。

三、交流接触器的拆装

1. 拆卸过程操作规范

1）拆卸接触器时，应备有盛放零件的容器，以免丢失零件。

2）拆装过程中不许强拧硬撬，以免损坏零部件。

3）装配辅助静触头时，要防止卡住动触头。

4）调整接触器触头压力时，注意不要损坏触头。

2. 拆装步骤如下：

1）卸下灭弧罩。

2）拉紧主触头定位弹簧夹，将主触头侧转45°后，取下主触头和压力弹簧片。

3）松开辅助常开静触头的螺钉，卸下常开静触头。

4）用手按压底盖板，并卸下螺钉，如图5-35所示。

5）取出静铁心、静铁心支架及缓冲弹簧，如图5-36所示。

图 5-35　拆除底盖板

图 5-36　取出静铁心、静铁心支架及缓冲弹簧

6）取出线圈，如图 5-37 所示。

7）取出反作用弹簧，如图 5-38 所示。

图 5-37　取出线圈

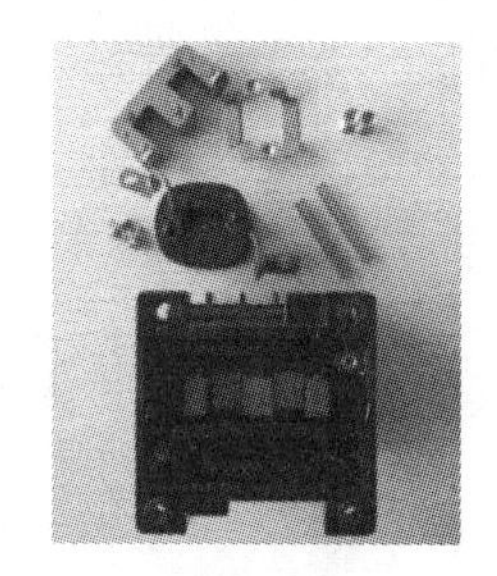

图 5-38　取出反作用弹簧

8）取出动铁心和塑料支架，并取出定位销，完成拆卸。

3. 组装步骤

组装步骤与上述顺序相反，因此不再叙述。

四、故障排除

接触器常见故障及排除方法见表 5-19。

表 5-19　接触器常见故障及排除方法

故障现象	可能原因	排除方法
接触器不吸合或吸合不牢	1. 电源电压过低 2. 线圈断路 3. 线圈技术参数与使用条件不符 4. 铁心机械卡阻	1. 调高电源电压 2. 调换线圈 3. 调换线圈 4. 排除卡阻物
线圈断电，接触器不释放或释放缓慢	1. 触头熔焊 2. 铁心表面有油污 3. 触头弹簧压力过小或复位弹簧损坏 4. 机械卡阻	1. 排除熔焊故障，更换触头 2. 清理铁心表面 3. 调整触头弹簧力或更换复位弹簧 4. 排除卡阻物
触头熔焊	1. 过载使触头电流过大 2. 负载侧短路 3. 触头弹簧压力过小 4. 触头表面有电弧灼伤	1. 减小负载 2. 排除短路故障，更换触头 3. 调整触头弹簧压力 4. 清理触头表面
触头过热	1. 动、静触头间的电流过大 2. 动、静触头间接触电阻过大	1. 重新选择大容量触头 2. 修整或更换触头

（续）

故障现象	可能原因	排除方法
触头磨损	1. 触头间电弧或电火花造成电磨损 2. 触头闭合撞击造成机械磨损	1. 更换触头 2. 更换触头
铁心噪声过大	1. 动铁心与静铁心接触面接触不良 2. 短路环损坏 3. 铁心机械卡阻 4. 触头弹簧压力过大	1. 修整端面 2. 更换短路环 3. 排除卡阻物 4. 调整触头弹簧压力
线圈过热或烧毁	1. 线圈匝间短路 2. 操作频率过高 3. 线圈参数与实际使用条件不符	1. 更换线圈并找出故障原因 2. 调换合适的接触器 3. 调换线圈或接触器

【相关知识链接】

一、接触器的结构和工作原理

接触器是一种用于远距离频繁地接通和切断交直流主电路及大容量控制电路的自动控制电器。其主要控制对象是电动机，也可以用于控制其他电力负载、电热器、电焊机与电容器等。接触器具有操作频率高、使用寿命长、工作可靠、性能稳定、维护方便等优点，同时还具有低压释放保护功能，因此，在电力拖动和自动控制系统中，接触器是运用最广泛的控制电器之一。

按控制电流性质不同，接触器分可为交流接触器和直流接触器两大类。常用的交流接触器有 CJ20、CJX1、CJX2、CJ12、3TB 等系列，常用的直流接触器有 CZ10、CZ18、CZ21、CZ22 等系列，图 5-39 所示为接触器的外形。

a)

b)

图 5-39　接触器外形

a）CZ0 系列直流接触器　b）CJX1 系列交流接触器

1. 交流接触器的结构

交流接触器主要由电磁机构、触头系统、灭弧装置等部分组成，图 5-40 所示为交流接触器的结构示意图。

（1）电磁系统

电磁系统由线圈、静铁心、动铁心组成，为减小涡流损失，动、静铁心都用硅钢片叠成。为了防止铁心在吸合时产生振动和噪声，保证吸持良好，在静铁心的端口平面上装有短路环。

（2）触头系统

触头系统包括主触头和辅助触头。交流接触器一般都有三对主触头和四对辅助触头，主触头用于通断主电路，通常为三对常开触头；辅助触头用于控制电路，起电气联锁作用，一般有常开、常闭各两对。

（3）灭弧装置

主触头额定电流在10A以上的接触器都有灭弧装置。对于小容量的接触器，常采用双断口触头灭弧、电动力灭弧、相间弧板隔弧及陶土灭弧罩灭弧；对于大容量的接触器，采用纵缝灭弧罩及栅片灭弧。

（4）其他部件

其他部件包括反作用弹簧、缓冲弹簧、触头压力弹簧片、传动机械等。

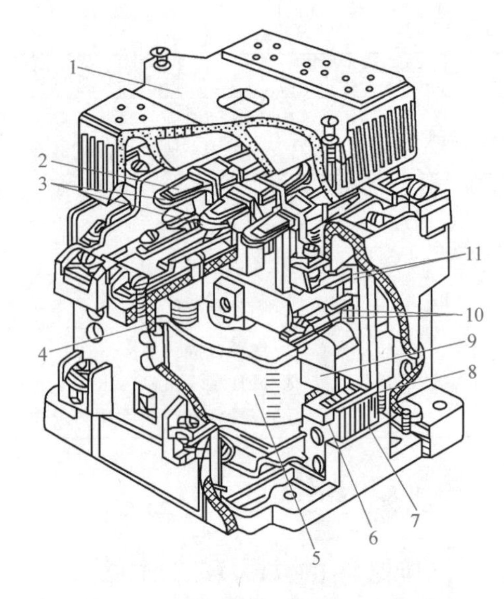

图5-40　交流接触器结构示意图

1—灭弧罩　2—触头压力弹簧片　3—主触头　4—反作用弹簧　5—线圈　6—短路环　7—静铁心　8—弹簧　9—动铁心　10—辅助常开触头　11—辅助常闭触头

2. 交流接触器工作原理

当接触器线圈通电后，线圈中流过的电流产生磁场，使静铁心产生足够大的吸力，克服反作用弹簧的反作用力，将动铁心吸合，通过传动机构带动三对主触头和辅助常开触头闭合，辅助常闭触头断开。当接触器线圈断电或电压显著下降时，由于电磁吸力消失或过小，动铁心在反作用弹簧力的作用下复位，带动各触头恢复到原始状态。

二、接触器的类型

交流接触器的分类及用途见表5-20。

表5-20　交流接触器分类及用途

序号	分类方法	名称	主要用途
1	主触头所控制的电路种类	交流	远距离频繁地接通与分断交流电路
		交直流	远距离频繁地接通与分断交流或直流电路
2	主触头的位置（励磁线圈无电）	常开	广泛用于控制电动机及电阻负载等
		常闭	主要用于能耗制动或备用电源的接通
		部分常开，部分常闭	用于发电机励磁回路的灭磁或备用电源的接通
3	主触头极数	单极	1. 用于控制单相负载，如照明、单相电动机等 2. 能耗制动
		双极	1. 交流电动机的动力制动 2. 在绕线转子电动机中短接转子回路中的起动电阻
		三极	1. 控制三相负载 2. 直接起动及控制交流电动机
		四极	1. 控制三相四线制的负载，如照明线路 2. 控制双回路电动机负载

（续）

序号	分类方法	名称	主要用途
3	主触头极数	五极	1. 组成自动式自耦补偿起动器 2. 控制双速笼型电动机，变换绕组接法、多速电动机控制
4	灭弧介质	空气式	用于一般用途的接触器
		真空式	用于煤矿、石油化工企业以及电压在660V及1140V的场合
5	有无触头	有触头式	大量交流接触器均为有触头式
		无触头式	通常用晶闸管作为回路的通断元件，适用于频繁操作和需要无噪声的特殊场所，如冶金和化工等行业

三、接触器的表示方式

1. 型号

接触器的标志组成及其含义如图5-41所示。

2. 电气符号

交流、直流接触器的符号如图5-42所示。

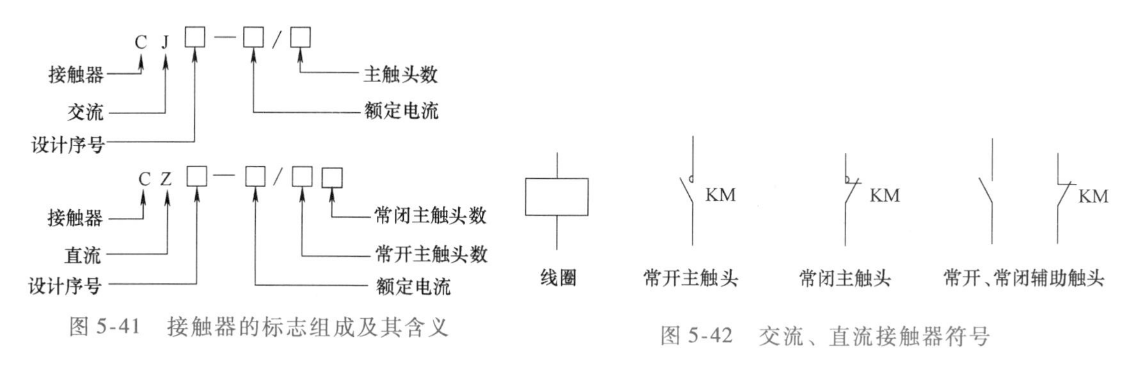

图5-41 接触器的标志组成及其含义

图5-42 交流、直流接触器符号

四、接触器的主要技术参数

接触器的主要技术参数有额定电压、额定电流、动作值、接通和分断能力、电气寿命、机械寿命和额定操作频率。

（1）额定电压

在规定条件下，主触头的额定工作电压，选用时必须与所接电路的电压相适应。交流接触器的额定电压等级分为380V 、660V及1140V；直流接触器的额定电压等级分为220V、440V及600V。

（2）额定电流

通常是指主触头的额定工作电流。若改变使用工作条件，则额定电流也随之改变。我国目前生产的接触器额定电流范围为6～4000A。

（3）动作值

动作值指接触器的吸合电压和释放电压。吸合电压为线圈额定电压的85%及以上；释放电压不高于线圈额定电压的70%，交流接触器不低于线圈额定电压的10%，直流接触器不低于5%。

（4）接通和分断能力

接通和分断能力是指接触器的主触头在规定条件下能可靠地接通和分断的电流值。在此电流值下接通和分断时，不应发生熔焊、飞弧和过分磨损等。

（5）电寿命和机械寿命

电寿命是指按规定使用类别的正常操作条件下，无需修理或更换零件的负载操作次数，机械寿命是指需要修理或更换零件前所能承受的无载操作循环次数。机械寿命一般在数百万次以上，电寿命不小于机械寿命的1/20。

表5-21　CJX1系列交流接触器的技术参数

型号	额定绝缘电压/V	额定电流/A	可控制的三相异步电动机的最大功率/kW			额定操作频率/(次/h)	线圈消耗功率/(V·A)		辅助触头发热电流/A	机械寿命/万次	电寿命/万次
			220V	380V	550V		保持	吸合			
CJX1－9	660	9	2.4	4	5.5	1200	10	68	10	100	12
CJX1－12		12	3.3	5.5	7.5		10	68			
CJX1－16		16	4	7.5	10		10	68			
CJX1－22		22	6.1	11	11		10	68			10
CJX1－32		32	8.5	15	21	600	10	69			
CJX1－45	1000	45	15	22	30		17	183			
CJX1－63		63	18.5	30	41		17	183			
CJX1－75		75	22	37	50		32	330			
CJX1－85		85	26	45	59		32	330			
CJX1－110		110	37	55	76		39	550			
CJX1－140		140	43	75	98		39	550			

（6）额定操作频率

额定操作频率指接触器每小时允许操作的次数。一般分为1次/h、3次/h、12次/h、30次/h、120次/h、300次/h、600次/h、1200次/h、3000次/h。操作频率影响接触器的电寿命和灭弧室的工作条件，也影响交流电磁线圈的温升。

【任务评价】

1. 用万用表检测交流接触器的主触头、辅助触头和线圈的电阻，并将检测结果填入表5-22中。

表5-22　交流接触器检测记录

型号		容量	
触头电阻			
常开触头		常闭触头	
动作前/MΩ	动作后/Ω	动作前/Ω	动作后/MΩ
电磁线圈			
线径	匝数	工作电压/V	直流电阻/Ω

2. 拆卸一只交流接触器，仔细观察，推动连杆，观察触头动作，并将拆卸步骤按要求记人表5-23中。

表5-23　交流接触器的拆卸

步 骤	内 容	涉及零部件作用

思考与练习

1. 怎样选用接触器？
2. 交流接触器主要由哪几部分构成？它是如何进行工作的？
3. 交流接触器在运行中噪声很大的原因是什么？如何解决？

任务五　继电器的检修

【任务描述】

1）观察不同类型继电器的内部构造，理解其工作原理。
2）会对热继电器进行检修。
3）会对时间继电器进行检修。

【任务目标】

1）了解继电器的种类、型号。
2）熟悉继电器的功能、结构、工作原理、安装方法。
3）掌握继电器的选用原则与故障排除。

【任务实施】

一、注意事项

1. 热继电器

1）必须按照产品说明书中规定的方式安装，安装处的环境温度应与所处环境温度基本相同。当与其他电器安装在一起时，应注意将热继电器安装在其他电器的下方，以免其动作特性受到其他电器发热的影响。

2）热继电器安装时，应清除触头表面尘污，以免因接触电阻过大或电路不通而影响热继电器的动作性能。

3）热继电器出线端的连接导线应按照标准选用。导线过细，轴向导热性差，热继电器可能提前动作；反之，导线过粗，轴向导热过快，继电器可能滞后动作。

4）使用中的热继电器应定期通电校验。

5）热继电器在使用中应定期用布擦净尘埃和污垢，若发现双金属片上有锈斑，应用清洁棉布蘸汽油轻轻擦除，切忌用砂纸打磨。

6）热继电器在出厂时均调整为手动复位方式，如果需要自动复位，只要将复位顺时针方向旋转 3 ~4 圈，并稍拧紧即可。

2. 时间继电器

1）时间继电器应按说明书规定的方向安装。

2）时间继电器的整定值应预先在不通电时整定好，并在试车时校正。

3）时间继电器金属底板上的接地螺钉必须与接地线可靠连接。

4）通电延时型和断电延时型可在整定时间内自行调换。

5）使用时应经常清除灰尘及油污，否则延时误差将增大。

二、继电器的选择

1. 热继电器

热继电器通常与交流接触器配合使用，对电动机等设备进行过载保护。热继电器的选用应考虑电动机的工作环境、起动情况、负载性质等因素，根据以下几个方面来选择。

1）热继电器结构形式的选择：Y联结的电动机可选用两相或三相结构热继电器；△联结的电动机应选用带断相保护装置的三相结构热继电器。

2）根据被保护电动机的实际起动时间，选取 6 倍额定电流下具有相应可返回时间的热继电器。一般热继电器的可返回时间大约为 6 倍额定电流下动作时间的 50% ~70% 。

3）热元件额定电流一般可按下式确定：

$$I_N = (0.95 \sim 1.05) I_{MN}$$

式中 I_N——热元件额定电流；

I_{MN}——电动机的额定电流。

对于工作环境恶劣、起动频繁的电动机，则按下式确定：

$$I_N = (1.15 \sim 1.5) I_{MN}$$

4）对于重复短时工作的电动机（如起重机电动机），由于电动机不断重复升温，热继电器双金属片的温升跟不上电动机绕组的温升，电动机将得不到可靠的过载保护。因此，不宜选用双金属片热继电器，而应选用过电流继电器或能反映绕组实际温度的温度继电器来进行保护。

2. 时间继电器

时间继电器形式多样，选择时应从以下几方面考虑。

1）根据控制电路的要求选择时间继电器的延时方式，即通电延时型或断电延时型，同时还要考虑电路对瞬间动作触头的要求。

2）根据控制电路的电压选择时间继电器吸引线圈的电压。

3）根据工作环境选择时间继电器。如电源电压波动大的工作环境可选用空气阻尼式或电动式时间继电器；电源频率不稳定的工作环境不宜选用电动式时间继电器；环境温度变化大的工作环境不宜选用空气阻尼式和电子式时间继电器。

4）根据延时范围和精度要求选择继电器。如在延时精度要求不高的场合，一般可选用价格较低的空气阻尼式时间继电器，对精度要求较高的场合，可选用晶体管式时间继电器。

三、继电器的检测、调整

1. 热继电器

（1）整定电流的调整

热继电器中凸轮上方是整定旋钮，刻有整定电流值的标尺，旋转旋钮，可调大或调小整定电流，如图 5-43 所示。

（2）动作机构的调整

热继电器的动作机构应正常可靠，可用手扳动 4～5 次进行观察，要求复位按钮灵活、调整部件无松动，检查调整部件应用螺钉轻轻触动，不得用力拧或推拉。

（3）热元件的检查与调整

检查热元件是否良好时，只可打开盖子从旁观察，不得将热元件卸下，如图 5-44 所示。若必须卸下时，装好后进行通电试验调整。如遇热元件烧断或损坏，必须进行更换或修理，并重新进行整定值调整。

图 5-43　热继电器整定电流的调整

图 5-44　热元件的检查与调整

（4）双金属片的检查与调整

检查双金属片是否良好，若已产生明显的变形，需要通电试验调整。调整时，绝对不能弯折双金属片。

2. 时间继电器

1）检查时间继电器内部各零件是否完好，螺钉是否牢固，接线是否可靠。

2）动触头和静触头应清洁无变形或烧损。

3）用万用表测试线圈、常闭触头是否接通，常开触头是否不通。

4）当用手压入动铁心时，瞬时动作触头中的常开触头应闭合，常闭触头应断开。

5）当动铁心被压入时，时间机构开始走动，在到达刻度盘终止位置，即触头闭合为止的整个动作过程中应走动均匀，不得出现忽快忽慢、跳动、停卡或滑行现象。

6）观测动铁心是否灵活，用手按动铁心使其缓慢动作应无明显摩擦，放手后塔形弹簧返回应灵活自如，否则应检查动铁心在黄铜套管内的活动情况，塔形弹簧在任何位置不允许有重叠现象。

7）时间整定螺钉在刻度盘上的任一位置，用手压入动铁心后经过所整定的时间，动触头应在距静触头首端约1/3处开始接触静触头，并在滑行至1/2处停止，可靠闭合静触头；释放动铁心时，应无卡阻现象，动触头也应返回原位置。

四、故障排除

1. 热继电器

热继电器的常见故障及排除方法见表5-24。

表5-24　热继电器的常见故障及其排除方法

故障现象	产生原因	排除方法
热继电器误动作或动作太快	1. 整定电流偏小 2. 操作频率过高 3. 连接导线太细	1. 调大整定电流 2. 调换热继电器或限定操作频率 3. 选用标准导线
热继电器不动作	1. 整定电流偏大 2. 热元件烧断或脱焊 3. 导板脱出 4. 动作机构卡阻	1. 调小整定电流 2. 更换热元件或热继电器 3. 重新放置导板并调试 4. 消除卡阻
热元件烧断	1. 负载侧电流过大 2. 操作频率过高	1. 调换热继电器 2. 限定操作频率或更换热继电器
主电路不通	1. 热元件烧毁 2. 接线螺钉松动或脱落	1. 更换热元件或热继电器 2. 旋紧接线螺钉
控制电路不通	1. 触头烧坏或动触头弹性消失 2. 可调整式旋钮在不合适的位置 3. 热继电器动作后未复位	1. 更换触头或弹簧 2. 调整旋钮或螺钉 3. 手动复位

2. 时间继电器

空气阻尼式时间继电器常见故障及排除方法见表5-25。

表5-25　空气阻尼式时间继电器常见故障及排除方法

故障现象	产生原因	排除方法
延时触头不动作	1. 电磁线圈断线 2. 电源电压低于线圈额定电压很多 3. 传动机构卡住或损坏	1. 更换线圈 2. 更换线圈或调高电源电压 3. 排除卡住故障或更换部件
延时缩短	1. 气室装配不严，漏气 2. 气室内橡皮薄膜损坏	1. 修理或更换气室 2. 更换橡皮薄膜
延时变长	气室内有灰尘，使气道阻塞	清除气室内灰尘，使气道畅通

【相关知识链接】

继电器是一种根据电量或非电量的变化，通过触头或突变量分断控制电路，并可自动控制和保护电力拖动装置的控制电器。继电器的输入量可以是电压、电流，也可以是时间、温度、速度、压力等。继电器的特点是当输入量的变化达到一定程度时，输出量才会发生阶跃性的变化。

一、继电器分类

继电器的用途很广，种类及分类方法很多，常用的分类方法如下。

1）按用途分：控制用继电器、保护用继电器。

2）按输入量物理性质分：电压继电器、电流继电器、时间继电器、速度继电器、温度继电器、压力继电器。

3）按工作原理分：电磁式继电器、感应式继电器、电动机式继电器、热继电器、电子式继电器。

4）按动作时间分：快速继电器、延时继电器、一般继电器。

5）按结构特点分：电子式继电器、舌簧继电器、固态继电器。

6）按输出形式分：有触头式继电器、无触头式继电器。

二、继电器主要参数

通常将继电器开始动作并顺利吸合的输入量称为动作值，记为 x_c；将继电器开始释放并顺利分开的输入量称为返回值，记为 x_f。继电器的主要技术参数如下。

1）额定参数：它指输入量的额定值及触头的额定电压和额定电流。

2）动作参数：它指继电器的动作值 x_c 和返回值 x_f，通常动作值大于返回值。

3）返回系数：它指继电器的返回值 x_f 与动作值 x_c 之比，用 k_f 表示，即 $k_f = x_f/x_c$，一般情况下 $k_f < 1$。

4）储备系数：它指继电器输入量的额定值（或正常工作值）x_n 与动作值 x_c 之比，用 k_s 表示，即 $k_s = x_n/x_c$。当输入量在一定范围内波动时，为了保证继电器可靠工作，输入量的额定值应高于动作值，即 k_s 必须大于 1，一般 k_s 为 1.5～4，储备系数也称为安全系数。

5）动作时间：它指继电器的吸合时间和释放时间。吸合时间是从继电器线圈接受电信号到触头动作所需的时间，释放时间是从继电器线圈断电到已动作的触头恢复到释放状态所需的时间。一般继电器的吸合时间与释放时间为 0.05～0.15s，快速继电器为 0.005～0.05s，它的大小影响继电器的操作频率。

6）整定值：它指对动作参数的人为调整值，一般是根据用户使用要求进行调节的。

继电器与接触器有相似之处，二者都具有接通和分断电路的功能。但是继电器用于通、断小电流的控制电路和保护电路，其触头的额定电流较小，所以在结构上不需加灭弧装置。此外，继电器可以对各种输入量做出反应，而接触器只能在电信号下工作。

三、电磁式继电器

在低压控制系统中采用的继电器大部分是电磁式继电器，图 5-45 为几种常用电磁式继电器的外形图。

a)

b)

c)

图 5-45　电磁式继电器外形
a）电流继电器　b）电压继电器　c）中间继电器

1. 结构、类型

电磁式继电器的典型结构如图 5-46 所示，它由线圈、电磁系统、反力系统、触头系统组成。当线圈通电时，产生的电磁力大于弹簧的反作用力，使动铁心向下移动，继电器的常闭触头断开，常开触头闭合；当线圈断电时，动铁心在反力弹簧作用下恢复原位，继电器的常开触头恢复断开，常闭触头恢复闭合。

按吸引线圈电流的类型，可分为直流电磁式继电器和交流电磁式继电器。按其在电路中的连接方式，可分为电流继电器、电压继电器和中间继电器。

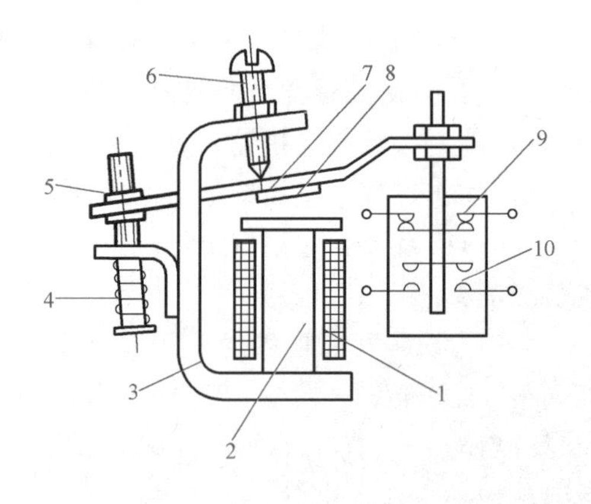

图 5-46　电磁式继电器结构示意图
1—线圈　2—铁心　3—磁轭　4—弹簧　5—调节螺母　6—调节螺钉　7—动铁心　8—非磁性垫片　9—常闭触头　10—常开触头

（1）电流继电器

电流继电器的线圈与被测电路串联，以反映电路电流的变化。其线圈匝数少、导线粗、线圈阻抗小。电流继电器除用于电流型保护的场合外，还经常用于按电流原则控制的场合。电流继电器有欠电流继电器和过电流继电器两种。

（2）电压继电器

电压继电器使用时其线圈并联在被测电路中，线圈的匝数多、导线细、阻抗大。继电器根据所接线路电压值的变化，处于吸合或释放状态。根据动作电压值不同，电压继电器可分为欠电压继电器和过电压继电器两种。

（3）中间继电器

中间继电器实质上是电压继电器，只是触头对数多，触头容量较大（额定电流 5 ~ 10A）。其主要用途为：当其他继电器的触头对数或触头容量不够时，可以借助中间继电器来扩展他们的触头数或触头容量。中间继电器体积小，动作灵敏度高，在 10A 以下电路中可代替接触器起控制作用。

2. 表示方式

（1）型号

电磁式继电器的标志组成及其含义如图 5-47 所示。

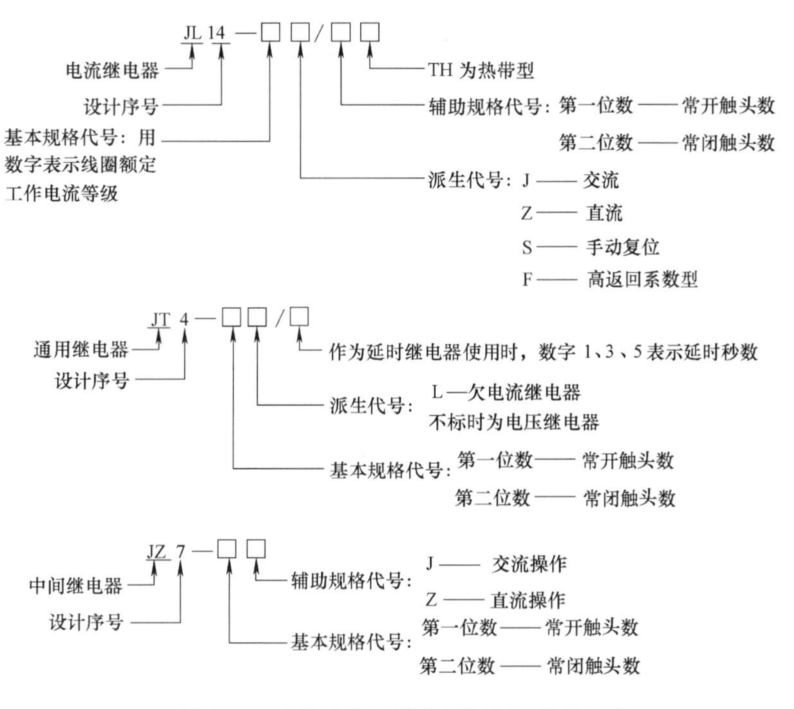

图 5-47 电磁式继电器的标记组成及其含义

(2) 电气符号

电磁式继电器的图形符号及文字符号如图 5-48 所示，电流继电器的文字符号为 KI，电压继电器的文字符号为 KV，中间继电器的文字符号为 KA。

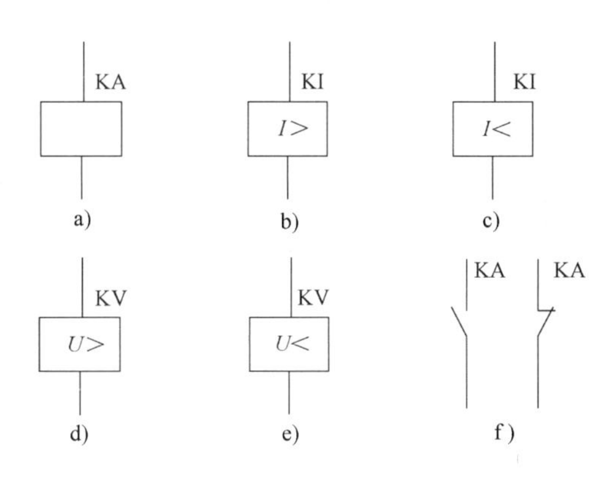

图 5-48 电磁式继电器图形符号及文字符号
a) 一般线圈 b) 过电流线圈 c) 欠电流线圈
d) 过电压线圈 e) 欠电压线圈
f) 常开、常闭触头

3. 主要技术参数

电磁式继电器的主要技术参数如下。

1）额定工作电压指继电器正常工作时线圈所需要的电压。

2）吸合电流指继电器能够产生吸合动作的最小电流。在正常使用时，给定的电流必须略大于吸合电流，这样继电器才能稳定地工作。而对于线圈所加的工作电压，一般不要超过额定工作电压的 1.5 倍，否则会产生较大的电流把线圈烧毁。

3）释放电流指继电器产生释放动作的最大电流。当继电器吸合状态的电流减小到一定程度时，继电器就会恢复到未通电的释放状态，这时的电流远远小于吸合电流。

4）触头切换电压和电流指继电器允许加载的电压和电流，它决定了继电器能控制电压和电流的大小，使用时不能超过此值，否则很容易损坏继电器的触头。

常用电磁式继电器有 JL14、JL18、JZ15、JZC2 及 3TH80 等系列。表 5-26、表 5-27 分别列出了 JL14、JZ7 系列继电器的技术数据。

表 5-26　JL14 系列交直流电流继电器技术数据

电流种类	型号	吸引线圈 额定电流/A	吸合电流 调整范围	触头组合形式	用途
直流	JL14-□□Z JL14-□□ZS	1、1.5、2.5、5、 10、15、25、40、60、 300、600、1200、1500	(70% ~300%)I_N	3 常开,3 常闭 2 常开,1 常闭 1 常开,2 常闭 1 常开,1 常闭	在控制电路中 起过电流或欠 电流保护作用
	JL14-□□ZO		(30% ~65%)I_N 或释放电 流在(10% ~20%)I_N 范围		
交流	JL14-□□J JL14-□□JS		(110% ~400%)I_N	2 常开,2 常闭 1 常开,1 常闭	
	JL14-□□JG			1 常开,1 常闭	

表 5-27　JZ7 系列中间继电器的技术参数

型号	触头额 定电压/V	触头额 定电流/A	触头对数		吸引线圈 电压/V (交流 50Hz)	额定操作 频率/(次/h)	线圈消耗功 率/V·A	
			常开	常闭			起动	吸持
JZ7-44	500	5	4	4	12、36、127、 220、380	1200	75	12
JZ7-62	500	5	6	2			75	12
JZ7-80	500	5	8	0			75	12

四、时间继电器

时间继电器是利用电磁原理或机械原理实现触头延时动作的自动控制电器，主要有电磁式、空气阻尼式、电子式和电动式几种类型。

时间继电器的延时方式有以下两种：通电延时是指接受输入信号后延迟一定的时间，输出信号才发生变化。当输入信号消失后，输出瞬时复原。断电延时是指接受输入信号时，瞬时产生相应的输出信号。当输入信号消失后，延迟一定的时间，输出才复原。

1. 空气阻尼式时间继电器的结构与工作原理

空气阻尼式时间继电器是利用空气阻尼原理获得延时的，其结构由电磁系统、延时机构和触头系统三部分组成。电磁机构为直动式双 E 型，触头系统是借用 LX5 微动开关，构成有瞬时触头和延时触头两部分供控制时选用，延时机构采用气囊式阻尼器，图 5-49 为 JS7 系列空气阻尼式时间继电器外形图。

空气阻尼式时间继电器的特点是延时范围较大（0.4 ~ 180s），结构简单，使用寿命长，价格低。但其延时误差较大，无调节刻度指示，难以确定整定延时值。在对延时精度要求较高的场合，不宜使用这种时间继电器。

空气阻尼式时间继电器的电磁机构可以是直流，也可以是交流；既有通电延时型，也有断电延时型。只要改变电磁机构的安装方向，便可实现不同的延时方式：当动铁心位于铁心和延时机构之间时为通电延时，如图 5-50a 所示；当铁心位于动铁心和延时机构之间时为断电延时，如图 5-50b 所示。

对于通电延时型，当线圈通电时，动铁心克服反力弹簧的反力作用，与静铁心吸合，

图 5-49 JS7 系列空气阻尼式时间继电器外形

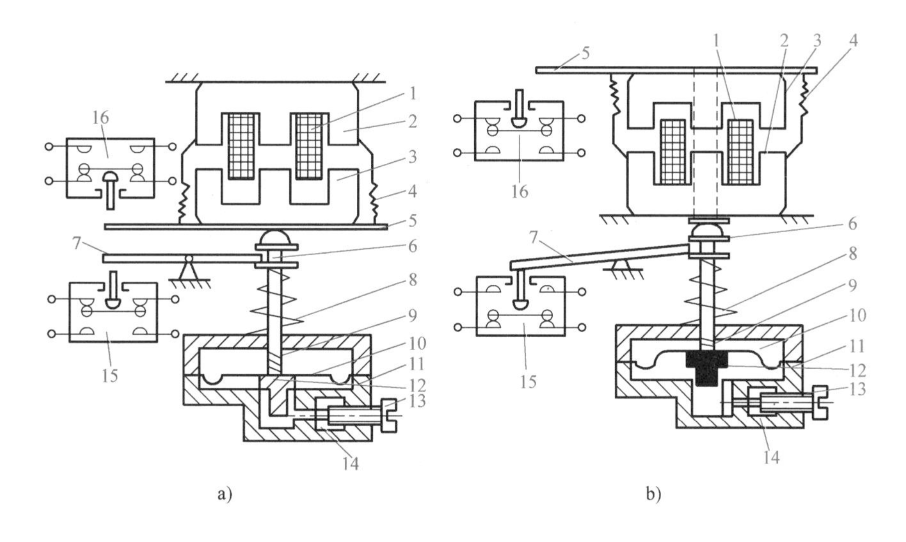

图 5-50 JS7－A 系列空气阻尼式时间继电器结构原理图

a）通电延时型 b）断电延时型

1—线圈 2—静铁心 3—动铁心 4—反力弹簧 5—推板 6—活塞杆 7—杠杆 8—塔形弹簧 9—弱弹簧 10—橡皮膜 11—空气室壁 12—活塞 13—调节螺钉 14—进气孔 15、16—微动开关

活塞杆在塔形弹簧的作用下，带动活塞及橡皮膜向上移动。由于橡皮膜下方空气室空气稀薄，形成负压，因此活塞杆只能缓慢向上移动，其移动的速度由进气孔的大小而定，可通过调节螺杆进行调整。经过一段延时时间，活塞才能移到最上端，并通过杠杆压动微动开关 15，使其常闭触头断开，常开触头闭合，起到通电延时作用。而另一个微动开关 16 是在动铁心吸合时，通过推板的作用立即动作，使其常闭触头瞬时断开，常开触头瞬时闭合，故微动开关 16 的触头称为瞬动触头。当线圈断电时，动铁心在反力弹簧作用下，通过活塞杆将活塞推向下端，这时橡皮膜下方气室内的空气通过橡皮膜、弱弹簧和活塞的肩部所形成的单向阀，迅速地从橡皮膜上方的气室缝隙中排掉，使微动开关 15 和 16 的触头瞬时复位。

2. 时间继电器的表示方式

（1）型号

时间继电器的标志组成及其含义如图 5-51 所示。

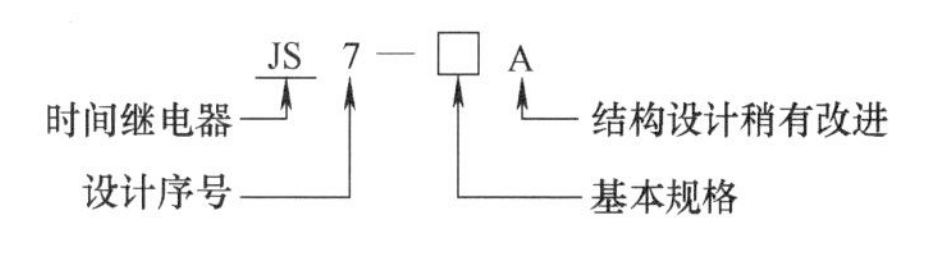

图 5-51 时间继电器的标志组成及其含义

(2) 电气符号

时间继电器的图形符号及文字符号如图 5-52 所示。

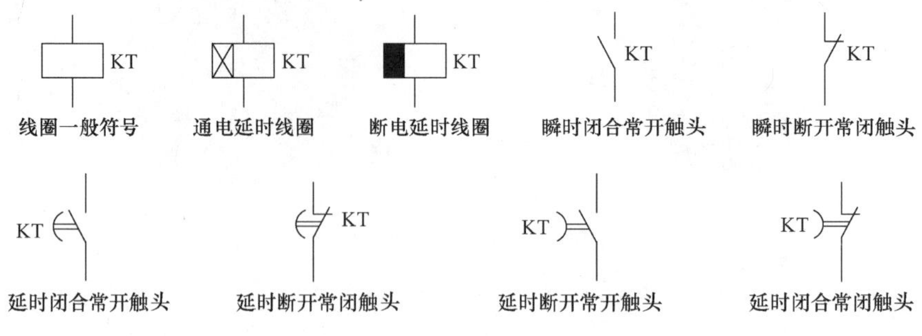

图 5-52　时间继电器图形符号及文字符号

(3) 时间继电器的主要技术参数

时间继电器的主要技术参数有额定工作电压、额定发热电流、额定控制容量、吸引线圈电压、延时范围、环境温度、延时误差和操作频率，常用的 JS7 - A 系列空气阻尼式时间继电器的基本技术参数见表 5-28。

表 5-28　JS7-A 系列空气阻尼式时间继电器的技术数据

型号	吸引线圈电压/V	触头额定电压/V	触头额定电流/A	延时范围/s	延时触头				瞬动触头	
					通电延时		断电延时		常开	常闭
					常开	常闭	常开	常闭		
JS7 - 1A	24、36、110、127、220、380、420	380	5	0.4 ~ 60 及 0.4 ~ 180	1	1	—	—	—	—
JS7 - 2A					1	1	—	—	1	1
JS7 - 3A					—	—	1	1	—	—
JS7 - 4A					—	—	1	1	1	1

五、热继电器

热继电器是利用电流的热效应原理工作的保护电器，主要用于电动机的过载保护、断相保护，图 5-53 为几种常用热继电器的外形。

a).　　b)　　c)

图 5-53　热继电器外形

a) JR16 系列热继电器　b) JRS5 系列热继电器　c) JRS1 系列热继电器

热继电器具有反时限保护特性，即过载电流大，动作时间短；过载电流小，动作时间长。当电动机的工作电流为额定电流时，热继电器应长期不动作。热继电器有双金属片式、热敏电阻式及易熔合金式，其中使用最普遍的是双金属片式热继电器，它具有结构简单、体积较小、成本较低及在选用适当的热元件的基础上能够获得较好的反时限保护特性等优点。

1. 结构及工作原理

图5-54a是热继电器的结构示意图，热继电器主要由热元件、双金属片和触头等3部分组成。双金属片是热继电器的感测元件，由两种线膨胀系数不同的金属片通过机械碾压的方式结合而成。线膨胀系数大的（如铁镍铬合金、铜合金或高铝合金等）称为主动层，线膨胀系数小的（如铁镍类合金）称为被动层。由于两种线膨胀系数不同的金属紧密地贴合在一起，当产生热效应时，使得双金属片向膨胀系数小的一侧弯曲，由弯曲产生的位移带动触头动作，如图5-55所示。两片金属片的线膨胀系数差别越大，灵敏度越高。

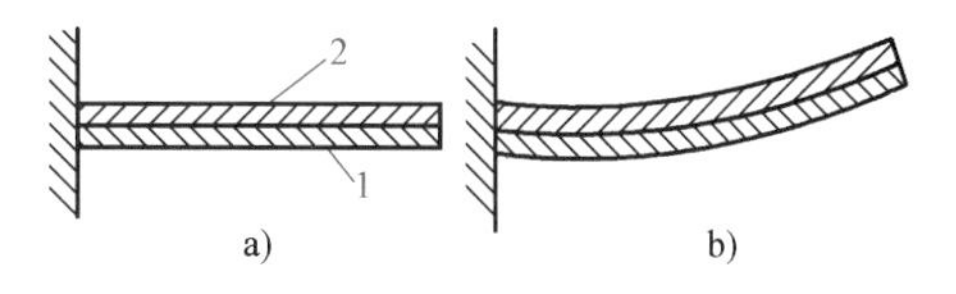

图5-54　双金属片工作原理

1—主动层　2—被动层

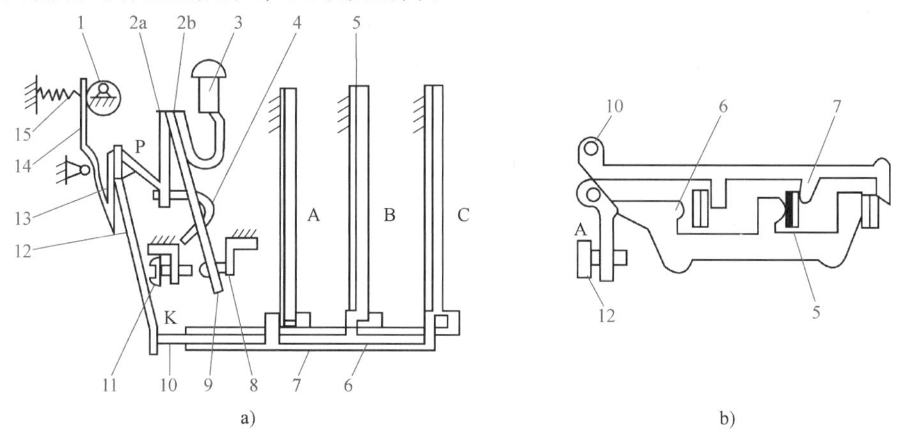

图5-55　JR16系列热继电器结构示意

a）结构示意图　b）差动式断相保护示意图

1—电流调节凸轮　2—2a、2b簧片　3—手动复位按钮　4—弓簧　5—双金属片　6—外导板

7—内导板　8—常闭静触头　9—动触头　10—杠杆　11—调节螺钉

12—补偿双金属片　13—推杆　14—连杆　15—压簧

热元件串联在电动机定子绕组中，电动机正常工作时，热元件产生的热量虽然能使双金属片弯曲，但还不能使继电器动作。当电动机过载时，流过热元件的电流增大，经过一定时间后，双金属片推动导板使继电器触头动作，切断电动机的控制电路。同时热元件也因失电而逐渐降温，经过一段时间的冷却，双金属片恢复到原来状态。

如果要实现电动机的断相保护，则需将热继电器的导板改成差动机构。差动机构由内、外导板和装有顶头的杠杆组成，它们相互间均以转轴连接，如图5-55b所示。在断相工作时，其中两相电流增大，一相逐渐冷却，这样内、外两导板分别向相反方向移动，产生了差动作用，并通过杠杆的放大，使继电器迅速动作，切断控制回路，从而更有效地保护电动机。

2. 表示方式

（1）型号

热继电器的型号标志组成及其含义如图5-56所示。

（2）电气符号

热继电器的图形符号及文字符号如图 5-57 所示。

3. 主要技术参数

热继电器的主要技术参数包括额定电压、额定电流、相数、热元件编号及整定电流调节范围等。热继电器的整定电流是指热元件允许长期通过又不致引起继电器动作的最大电流值。对于某一热元件，可通过调节其电流调节旋钮，在一定范围内调节其整定电流。

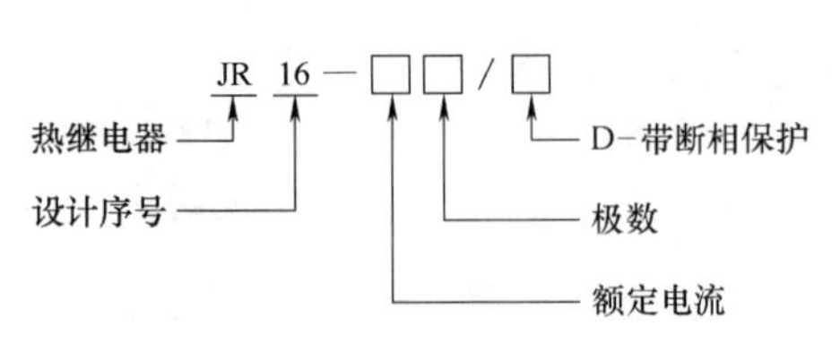

图 5-56　热继电器的型号标志组成及其含义

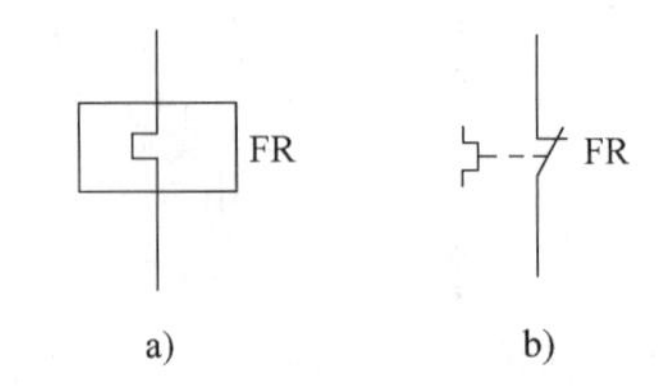

图 5-57　热继电器图形符号及文字符号
a）热元件　b）常闭触头

常用的热继电器有 JRS1、JR20、JR16、JR15、JR14 等系列，JR16 系列热继电器的主要技术参数见表 5-29。

表 5-29　JR16 系列热继电器的主要技术参数

型号	额定电流/A	热元件规格	
		额定电流/A	电流调节范围/A
JR16－20/3 JR16－20/3D	20	0.35 0.5 0.72 1.1 1.6 2.4 3.5 5 7.2 11 16 22	0.25～0.35 0.32～0.5 0.45～0.72 0.68～1.1 1.0～1.6 1.5～2.4 2.2～3.5 3.5～5.0 6.8～11 10.0～16 14～22
JR16－60/3 JR16－60/3D	60 100	22 32 45 63	14～22 20～32 28～45 45～63
JR16－150/3 JR16－150/3D	150	63 85 120 160	40～63 53～85 75～120 100～160

【任务评价】

1. 打开热继电器的外壳，观察其内部结构，测量各热元件电阻值，并将结果填入表 5-30 中。

表 5-30　热继电器检测记录

型　号			主要零部件	
			名称	作用
热元件电阻值/Ω				
L1 相	L2 相	L3 相		
整定电流调整值/A				

2. 观察并检测空气阻尼式时间继电器，填写表 5-31。

表 5-31　空气阻尼式时间继电器检测记录

型号	触头对数		常见故障及排除方法
	常开触头	常闭触头	
额定电压/V			
	延时触头	瞬时触头	
额定电流/A			
	延时断开触头	延时闭合触头	
符　　号	线圈电阻/Ω		
	零部件名称		

思考与练习

1. 时间继电器有什么作用？如何选用？
2. 电动机过载后热继电器不动作的原因有哪些？如何处理？
3. 试述时间继电器和热继电器的工作原理。

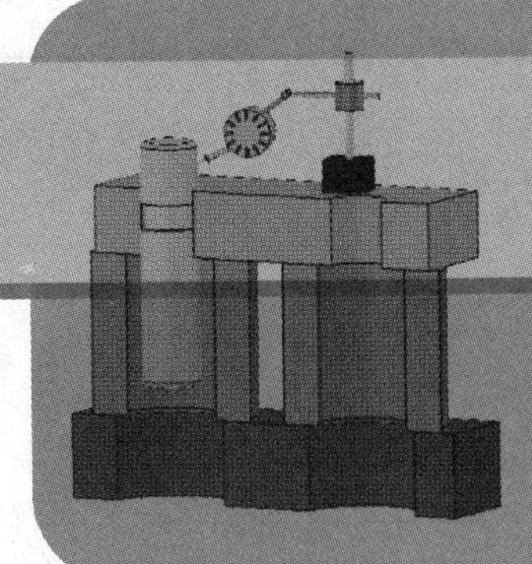

项目六

三相异步电动机的拆装与常见故障的排除

三相异步电动机在工农业、交通运输、国防工业以及其他各行各业中应用非常广泛。在工业方面，用于拖动中小型轧钢设备、各种金属切割机床、轻工机械、矿山机械等；在农业方面，用于拖动水泵、脱粒机、粉碎机以及其他农副产品的加工机械等；在民用电器方面，用于驱动电风扇、洗衣机、电冰箱、空调等。

【能力目标】

技能目标

1）会使用电动机拆装的通用工具和专用工具。

2）会使用电动机绕组绕制的相关工具。

3）会组装电动机各个部件。

4）会用万用表判别首尾端。

知识目标

1）了解电动机拆装的步骤和注意事项。

2）了解电动机绕组绕制过程中的步骤和注意事项。

3）了解组装电动机时的工艺要求。

任务一　三相异步电动机的拆装

【任务描述】

请利用实训室准备的器材工具完成以下工作：

1）把电动机的前后端盖拆除，卸下皮带轮或联轴器、风扇或风罩、轴承盖和端盖，并抽出转子。

2）进行定子绕组的绕制及嵌放。

3）进行组装。

【任务目标】

1）熟悉掌握三相异步电动机的拆卸过程。

2）学会采取正确的方法进行三相异步电动机的整体拆卸。

3）能在拆卸过程中注意安全规范。

4）熟悉拆卸三相异步电动机的工艺流程：拆除前、后端盖→卸下带轮或联轴器→卸下风扇或风罩→抽出转子。装配过程与上述顺序正好相反。

【所需器材】

前面章节中我们已经介绍了电工用通用工具的用法，这里不做赘述。具体工具包括橡胶锤、一字螺钉旋具、十字螺钉旋具、测电笔、尖嘴钳、钢丝钳、扳手、电工刀、电烙铁、拉拔器等。

【任务实施】

一、拆卸三相异步电动机

1. 拆卸三相异步电动机前的准备工作

1）准备拆卸工具：在拆除单相串励电动机时所需要利用到的工具有十字螺钉旋具、一字螺钉旋具、小号尖嘴钳、橡胶锤、小号扳手、拉力器等。

2）做好拆卸记录：电动机引出线的颜色，前、后端盖，前、后轴承和前后端盖与定子铁心的结合部位，应该分别做上记号，为装配做准备。

2. 拆卸三相异步电动机

拆卸过程：拆除前、后端盖→卸下带轮或联轴器→卸下风扇或风罩→抽出转子。

具体步骤如下：

第一步：拆除电动机的所有引线。

第二步：拆卸皮带轮或联轴器，先将带轮或联轴器上的固定螺钉或销子松脱或取下，再用专用工具拉拔器转动丝杠，把带轮或联轴器慢慢拉出。如果带轮或联轴器一时拉不下来，切忌硬卸，可在定位螺钉孔内注入煤油，等待几小时以后再拉，若还拉不下来，可用喷灯将带轮或联轴器四周加热，加热的温度不宜太高，要防止轴变形。拆卸过程中，不能用锤子直接敲出带轮或联轴器，以免带轮或联轴器碎裂，轴变形，端盖等受损，如图6-1所示。

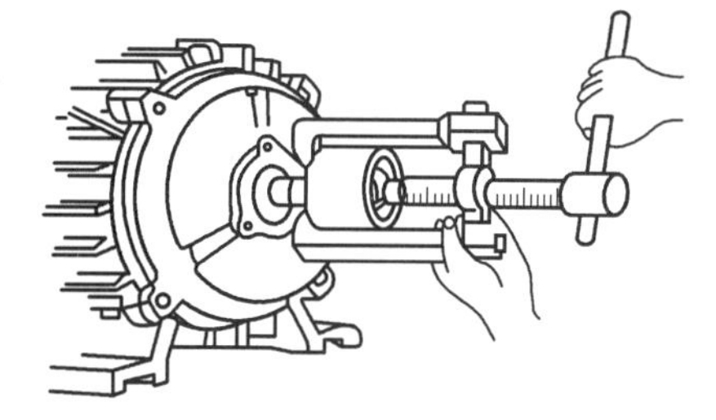

图 6-1　拆卸联轴器

第三步：拆卸风扇、风罩。拆卸带轮后，就可把风罩卸下来。然后取下风扇上定位螺栓，用锤子轻敲风扇四周，从轴上卸下风扇，如图 6-2 所示。

第四步：拆卸轴承盖和端盖。拆卸端盖前，应在机壳与端盖接缝处做好标记。然后旋下固定端盖的螺钉，通常端盖上都有两个拆卸螺孔，用从端盖上拆下的螺钉旋进拆卸螺孔，就能将端盖逐步顶出来。

若没有拆卸螺孔，可用大小适宜的扁凿，插在端盖突出的耳朵处，按端盖对角线依次向外撬，直至卸下端盖。但要注意，前后两个端盖拆下后要标上记号，以免将来安装时前后装错。一般小型电动机都只拆风扇一侧的端盖，如图 6-3 所示。

第五步：抽出转子。拆卸小型电动机的转子时，要一手握住转子，把转子拉出一些，随后用另一只手托住转子铁心渐渐往外移，要注意不能碰伤定子绕组。拆卸中型电动机的转子时，要一人抬住转轴的一端，另一人抬住转轴的另一端，渐渐地把转子往外移，对于笼型转子，可直接从定子腔中抽出即可，如图 6-4 所示。

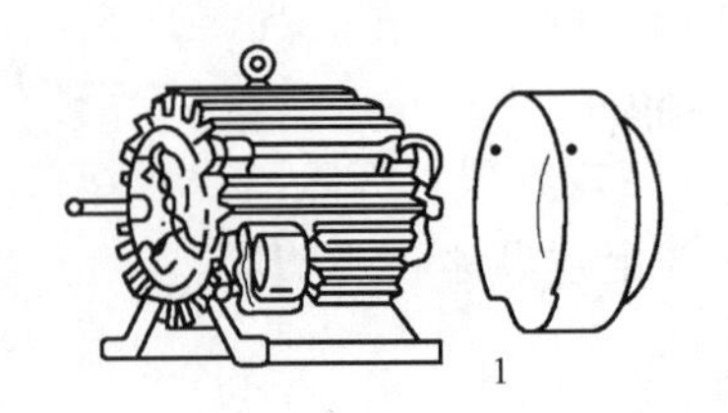

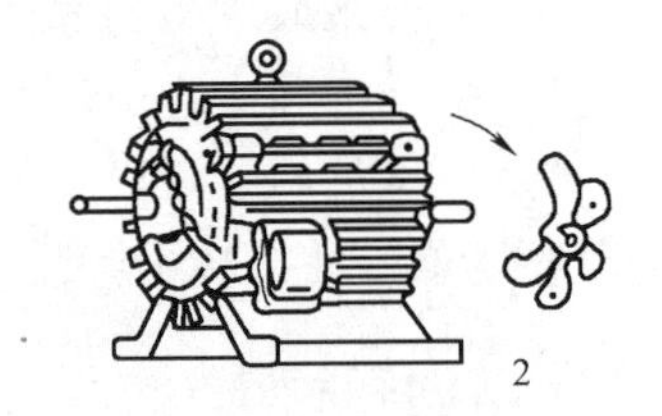

图 6-2　拆卸风罩、风扇

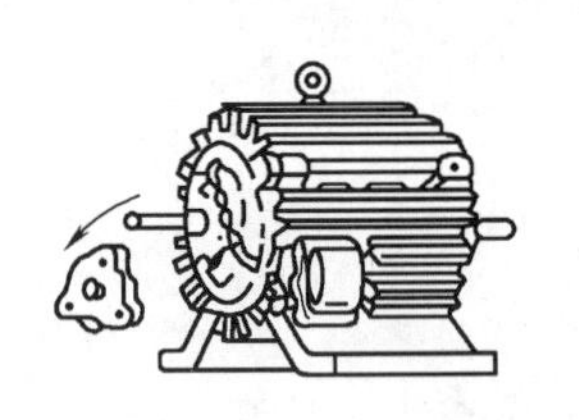

图 6-3　拆卸端盖

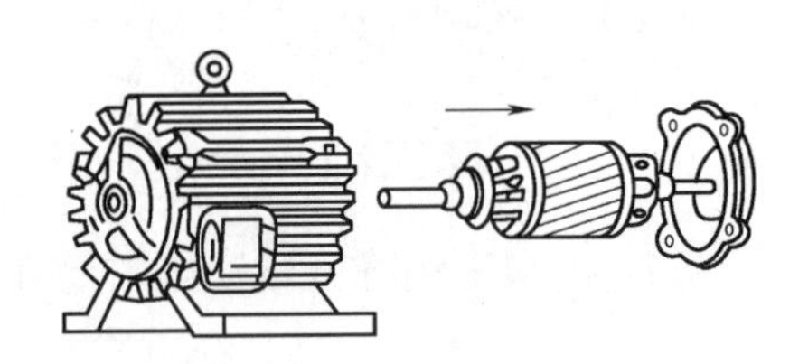

图 6-4　抽出转子

二、绕组绕制及嵌放

1. 前期准备工作

1）准备绕制嵌放工具：所需用到的工具有十字螺钉旋具、一字螺钉旋具、小号尖嘴钳、绕线机、划线板等。

2）仔细检查电磁线牌号、规格、绝缘厚度公差是否符号规定。

3）检查绕线机运行情况是否良好，要放好绕线模，调好计圈器。

2. 绕制绕组步骤

（1）绕线模

绕模是由芯板和上下夹板组成，绕线模和自动绕线机如图 6-5 所示。

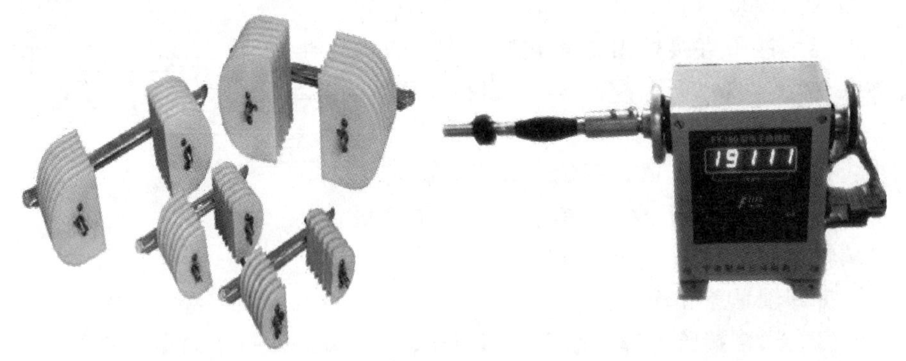

图 6-5　绕线模和自动绕线机

（2）绕组绕制

小型三相异发电动机采用的散嵌式绕组都是在绕线机上利用线模绕制的，如图 6-6 所示。

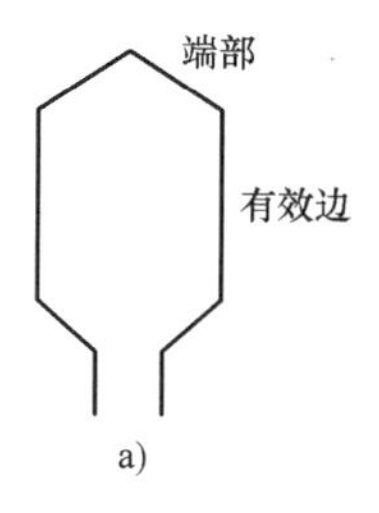

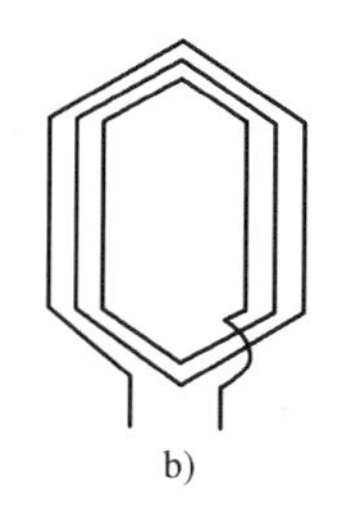

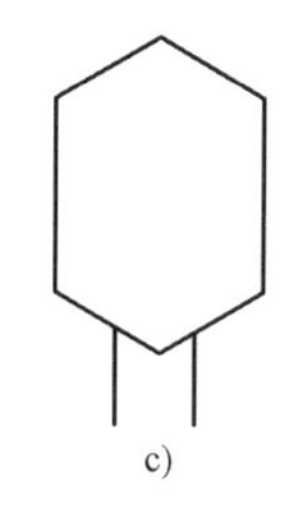

图 6-6 绕组示意图

绕线过程如下：

1）在绕线模上放好卡紧布带，将引线排在右手边，然后由右边向左边开始绕线。

2）用毛毡浸石蜡的压板将电磁线夹紧，绕线时拉力要适当，导线排列要整齐，避免交叉混乱，匝数要准确。同时，必须保护导线的绝缘不受损坏。

3）检查绕组尺寸、匝数，两个直线边用布带扎紧，以免松散。

（3）嵌线

绕组绕完以后，开始嵌线工作，嵌线就是根据绕组设计要求把一个个线圈嵌放进定子槽内，组成整个绕组。所以嵌线工序是整个嵌制绕组中最重要的一环。

嵌线工艺流程为：准备绝缘材料→放置槽绝缘→嵌线→封槽口→端部整形。

1）绝缘的选用。电动机的绝缘是决定电动机使用寿命的重要因素，因此必须正确地选用和放置绝缘材料。

异步电动机定子绕组绝缘分为槽绝缘、相绝缘（层间绝缘这里不需要）。

槽绝缘用于槽内，是绕组与铁心之间的绝缘。相绝缘又称端部绝缘，用于绕组端部两个线圈之间的绝缘。层间绝缘是用于双层线圈上下之间的绝缘。

绝缘材料是根据电动机的绝缘等级和电压等级来选择主绝缘材料，并配以适当的补强材料，以保护主绝缘材料不受机械损伤。常用的补强材料有青壳纸，主绝缘材料有聚酯薄膜、漆布等。选用绝缘材料时，主绝缘材料和引出线，套管、绑线、浸渍漆等应为同一绝缘等级的，彼此配套使用。

2）槽绝缘的裁剪与放置。根据电动机的绝缘等级，选择好合适的绝缘材料后，再根据具体需要对绝缘材料进行剪裁和放置。

槽绝缘的长度根据电动机容量而定。太长，增加绕组直线部分的长度，既浪费绝缘材料和导线，又易造成端盖损伤导线的故障；太短，绕组与铁心的安全距离不够，使得端部相绝缘很难与槽绝缘衔接，造成嵌放端部相绝缘的困难。

工艺要点：考虑到定子槽两端绝缘最容易损坏，一般将伸出铁心槽外部分的绝缘材料尺寸加倍折回，使槽外部分成为双层，以增强槽口绝缘。槽绝缘纸的结构形式：

3）嵌线工具。在嵌线过程中，必须有专用工具，才能保证嵌线质量，提高工作效率。常用的工具有：锤（木锤和小铁锤）、划线板、压线板、剪刀等。

划线板用途有两种：一是嵌入绕组时把导线划进铁心槽；二是用来整理已嵌进槽中的导线。划线板可用毛竹或层压塑料板在砂轮上磨削制作。

4）嵌线工艺。嵌线工艺的关键是保证绕组的位置和次序正确、绝缘良好。为使绕组按照正确的位置和次序嵌入定子槽内，嵌线前须弄清楚电动机的极数、线圈节距、线圈型式和接线方法等，并检查槽绝缘放置是否合格，槽内是否清洁，要防止铁屑、油污、灰尘等物粘在绝缘材料和导线上，以保证嵌线质量。

定子槽分配表见表 6-1。

表 6-1 定子槽分配表

相序	U1	W2	V1	U2	W1	V2
N1 S1	1、2	3、4	5、6	7、8	9、10	11、12
N2 S2	13、14	15、16	17、18	19、20	21、22	23、24

工艺要点：

为了防止嵌线时绕组发生错乱，习惯上把电动机空壳定子有出线孔的一侧放在右手侧。嵌线时，也应注意使所有绕组的引出线从定子腔的出线孔一侧引出。

嵌线时，以出线盒为基准来确定第一槽位置。嵌线前先用右手把要嵌的绕组一条边捏扁，绕组边捏扁后放到槽口的槽绝缘中间，左手捏住绕组朝里插入槽内，应在槽口临时衬两张薄膜绝缘纸，以保护导线绝缘不被槽口擦伤，进槽后，取出薄膜绝缘纸，如果绕组边捏得好，一次就可以把大部分导线拉入槽内，剩下少数导线可用划线板划入槽内。导线进槽应按绕组的绕制顺序，不要使导线交叉错乱，槽内部分必须整齐平行，否则影响全部导线的嵌入，而且会造成导线间相互磨擦而损伤绝缘。嵌线时，还要注意槽内绝缘是否偏移到一侧，防止露出的铁心与导线相碰，造成绕组故障。

嵌好一个绕组的一条绕组边后，另一条绕组边暂行吊起来在下面垫一张纸，以免绕组边与铁壳相碰而擦伤绝缘。嵌好以后，再依次嵌入其他绕组，直到嵌完为止。

在实际嵌线过程中，把最初安放的两个绕组称为起把绕组，要求隔槽放置。当嵌线圈的另一边时，称为覆槽。嵌线前，将绕组分三等份，依次为 U、W、V 三相。嵌线次序如下：

1）选好第一槽位置，嵌 U 相一只线圈的一条有效边，另一有效边暂时不嵌，此过程简称为嵌 U1 槽。

2）隔一槽，即在第三槽，嵌 W 相线圈的一条边，另一边仍暂不嵌，称为嵌 W3 槽。

3）再隔一槽，即在第五槽，嵌 V 相线圈的一条边，即 V5 槽，然后将另一边覆入 24 槽，称为嵌 V5 槽，覆 24 槽。

4）接着嵌线次序为：嵌 U7 槽—覆入 2 槽，嵌 W9 槽—覆入 4 槽，嵌 V11 槽—覆入 6 槽，嵌 U13 槽—覆入 8 槽，嵌 W15—覆入 10 槽，嵌 V17 槽—覆入 12 槽，嵌 U19 槽—覆入 14 槽，嵌 W21 槽—覆入 16 槽，嵌 V23 槽—覆入 18 槽，最后将开头两只起把线圈的另一条有效边分别进行覆槽，将 U1 线圈覆入 20 槽，将 W3 线圈覆入 22 槽，这样，嵌线完毕。

嵌线时须注意：绕组端部引线须放在一侧，同时边嵌线边放好相绝缘。

（4）封槽口

嵌线完毕后，把高出槽口的绝缘材料齐槽口剪平，把线压实，穿入盖槽纸，从一端把槽楔打入。

槽楔作用：用来压住槽内导线，防止绝缘和导线松动。

槽楔材料：一般用竹制成，也可用玻璃层布板做。竹槽楔应十分干燥并用变压器油煮透。

工艺要点：槽楔长度一般比槽绝缘短 2 ~ 3mm，其端面呈梯形，厚度为 3mm 左右，两端的棱角应该去掉。同槽绝缘接触的一面要光滑，以免在槽楔插入槽内时损坏槽绝缘。

（5）放绕组端部隔相绝缘

相间绝缘是使不同相的相邻两组绕组端部相互绝缘。为保证三相绕组间的绝缘，在绕组组（极相组）间必须隔一层隔相纸。隔相纸的形状、尺寸根据绕组端部的形状大小而言，一般单层绕组隔相纸的形状近半圆环的一半。

隔相纸垫好后，最好测量每相绕组或极相组的对地绝缘电阻，以及各相邻两组绕组间的绝缘电阻，以便及时发现故障隐患，避免将来拆检的麻烦。

（6）后端部整形

1）前端部用三个螺钉支撑（不损伤绝缘）。

2）拆除布袋。

3）后端部整形。

① 用橡皮锤将端部向外敲打，成为喇叭状。喇叭口均匀，不妨碍转子安装。

② 插入隔相纸。

工艺要点：喇叭口的大小要合适，口过小影响通风散热，放入转子也困难；口过大，使端部与机壳太近，影响绝缘。

注意点：喇叭口打成后要检查一下相间绝缘，若在敲打中，绝缘破裂或位移，应予补修。

4）前端部接线。

① 前端部整形同上。

② 按尾尾相接、首首相接的原则进行顺时针接线，最后留出 6 根引线接在出线盒的接线板上。

其中线头的连接采用绞接法。即直接把导线绞接在一起。要注意如下几点：

① 将引线在绕组端部排列整齐。

② 套好绝缘套管后，与端部绕组一起包扎。小型电动机的全部接线可布置在端部绕组的外侧。

③ 在布置引线位置时，要考虑出线口位置。

三、转子安放、加装端盖、装机（此过程与拆卸过程相反）

四、装配后的检查

1. 机械检查

检查机械部分的装配质量。

1）检查所有紧固螺钉是否拧紧。

2）用手转动出轴，转子转动是否灵活，无扫膛、无松动；轴承是否有杂声等。

2. 电气性能检查

1）直流电阻三相平衡。

2）测量绕组的绝缘电阻。检测三相绕组每相对地的绝缘电阻和相间绝缘电阻，其阻值不得小于 0.5MΩ。

3）按铭牌要求接好电源线，在机壳上接好保护接地线，接通电源，用钳形电流表检测三相空载电流，看是否符合允许值。

4）检查电动机温升是否正常，运转中有无异响。

3. 三相异步电动机定子绕组首尾端的判别方法

当电动机接线板损坏，定子线圈的6个线头分不清楚时，不可盲目接线，以免引起电动机内部故障，因此必须分清6个线头的首尾端后才能接线。

用万用表判别首尾端如下。

（1）方法一

1）先用万用表的电阻档，找出三相绕组的各相两个线头。

2）给各相绕组假设编号为U1和U2、V1和V2、W1和W2。

3）按图6-7所示接线，用手转动电动机转子，如万用表（毫安档）指针不动，则证明假设的编号是正确的；若指针有偏转，说明其中有一相首尾端假设编号不对。应逐相对调重测，直至正确为止。

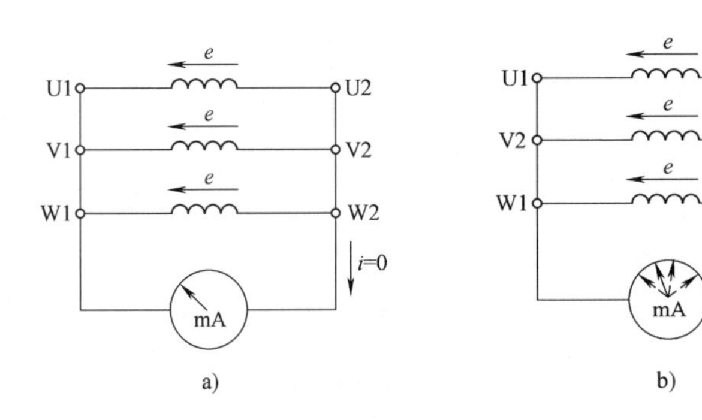

图6-7　绕组首尾端判别

a）指针不动首尾端正确　b）指针指动首尾端不对

（2）方法二

1）先分清三相绕组各相的两个线头，并将各相绕组端子假设为U1和U2、V1和V2、W1和W2。

2）观察万用表（微安档）指针摆动的方向，闭合上开关的瞬间，若指针摆向大于零的一边，则接电池正极的线头与万用表黑表笔所接的线头同为首端或尾端；如指针反向摆动，则接电池正极的线头与万用表红表笔所接的线头同为首端或尾端，如图6-8所示。

3）再将电池和开关接另一相两个线头，进行测试，就可正确判别各相的首尾端。

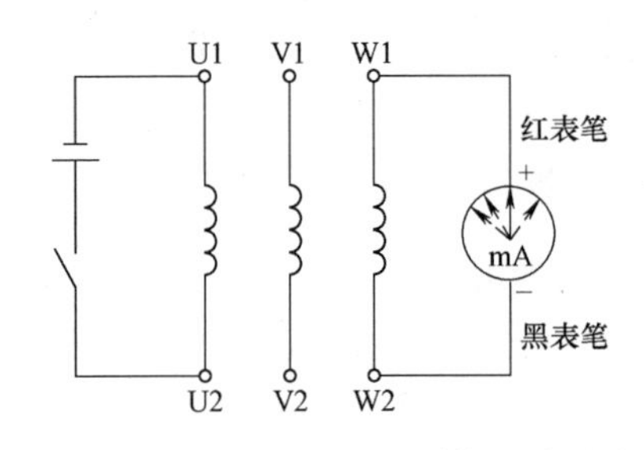

图6-8　用电池、开关判别绕组首尾端

【相关知识链接】

三相异步电动机的定子绕组是一个空间位置对称的三相绕组，如果在定子绕组通入三相对称的交流电，就会在电动机内部建立起一个恒速旋转的磁场，称为旋转磁场，它是异步电动机工作的基本条件。

一、旋转磁场

（1）旋转磁场的产生

图6-9是最简单的三相异步电动机的定子绕组，三个相同的绕组U1—U2、V1—V2、W1—W2在空间的位置彼此互差120°，分别放在定子铁心槽中。当把三相绕组接成星形，并接通三相对称电源后，那么在定子绕组中便产生三个对称电流，电流通过每个绕组产生磁场，而现在通过定子绕组的三相交流电流的大小及方向均随时间而变化，那么当空间互差120°的绕组通入对称的三相交流电流时，在空间就产生了一个旋转磁场。

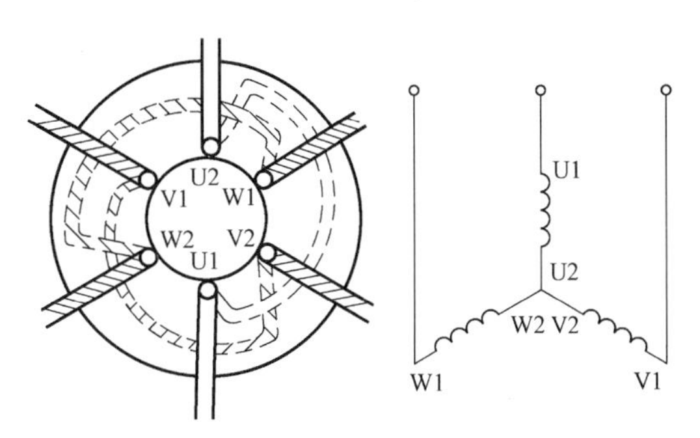

图6-9　三相异步电动机的定子绕组

国产的异步电动机的电源频率通常为50Hz。对于已知磁极对数的异步电动机，可得出对应的旋转磁场的转速，见表6-2。

表6-2　异步电动机磁极对数和对应的旋转磁场的转速关系表

p	1	2	3	4	5	6
n_1/(r/min)	3000	1500	1000	750	600	500

（2）旋转磁场的转向

旋转磁场的方向是由三相电流的相序决定的，即把通入三相绕组中的电流相序任意调换其中的两相，就可改变旋转磁场的方向。

二、三相异步电动机的工作原理

由上面可知，如果在定子绕组中通入三相对称电流，则定子内部产生某个方向转速为n_1的旋转磁场。这时转子导体与旋转磁场之间存在着相对运动，切割磁力线而产生感应电动势。电动势的方向可根据右手定则确定。由于转子绕组是闭合的，于是在感应电动势的作用下，绕组内有电流流过。转子电流与旋转磁场相互作用，便在转子绕组中产生电磁力。电磁力的方向可由左手定则确定。该力对转轴形成了电磁转矩，使转子按旋转磁场方向转动。三相异步电动机的定子和转子之间能量的传递是靠电磁感应作用的，故异步电动机又称感应电动机。

转子的转速n是否与旋转磁场的转速n_1相同呢？回答是不可能的。因为一旦转子的转速和旋转磁场的转速相同，二者便无相对运动，转子也不能产生感应电动势和感应电流，也就没有电磁转矩了。只有二者转速有差异时，才能产生电磁转矩，驱动转子转动。可见，转子转速n总是略小于旋转磁场的转速n_1。正是由于这个关系，这个电动机被称为异步电动机。

通常把同步转速n_1与转子转速n二者之差称为“转差”，“转差”与同步转速n_1的比值称为转差率（也叫滑差率），用s表示，即$s=(n_1-n)/n_1$。

三、拆卸轴承的几种方法

1）用拉具拆卸。应根据轴承的大小，选好适宜的拉拔器，夹住轴承，拉拔器的脚爪应紧扣在轴承的内圈上，拉拔器的丝杠顶点要对准转子轴的中心，扳转丝杠要慢，用力要均，用拉力器拆卸轴承。

2）用铜棒拆卸。轴承的内圈垫上铜棒，用锤子敲打铜棒，把轴承敲出，敲打时，要在轴承内圈四周的相对两侧轮流均匀敲打，不可偏敲一边，用力不要过猛，用铜棒敲打拆卸滚动轴承。

3）放在圆桶上拆卸。在轴承的内圆下面用两块铁板夹住，放在一只内径略大于转子外径的圆桶上面，在轴的端面垫上块，用锤子敲打，着力点对准轴的中心。圆桶内放置棉纱头，以防轴承脱下时摔坏转子。当敲到轴承逐渐松动时，用力要减弱，如图6-10所示。

图6-10　拆卸轴承

4）轴承在端盖内的拆卸。在拆卸电动机时，若遇到轴承留在端盖的轴承孔内时。把端盖止口面朝上，平滑地放在两块铁板上，垫上一段直径小于轴承外径的金属棒，用手锤沿轴承外圈敲打金属棒，将轴承敲出。

5）加热拆卸。因轴承装配过紧或轴承氧化不易拆卸时，可用100℃左右的机油淋浇在轴承内圈上，趁热用上述方法拆卸。

【任务评价】

（该项任务检测评价总分为100分）

1. 认识三相异步电动机（见表6-3）

表6-3　三相异步电动机的相关数据的检测识读

电动机型号、参数、形式	观测结果	配分	实际得分
型号		3	
功率		3	
起动形式		3	
定子铁心长度/mm		3	
定子铁心内径/mm		3	
转子有效长度/mm		3	
转子外径/mm		3	
定子、转子间气隙长度（两者之间的间隙）/mm		4	
合计		25	

2. 三相异步电动机的拆卸（见表6-4）

表6-4　检测对三相异步电动机拆卸的掌握程度

步骤	操作内容	使用工具	工艺要点	配分	实际得分
第一步				5	
第二步				5	
第三步				5	
第四步				5	
第五步				5	
合　　计				25	

3. 绕组绕制与嵌放（见表6-5）

表6-5　检测对三相异步电动机绕组绕制与嵌放的掌握程度

步骤	操作内容	使用工具	工艺要点	配分	实际得分
第一步				5	
第二步				5	
第三步				5	
第四步				5	
第五步				5	
第六步				5	
合计				30	

4. 电气性能检查（见表6-6）

表6-6　检测对三相异步电动机组装后各项性能指标的符合程度

步骤	操作内容	使用工具	工艺要点	配分	实际得分
直流电阻三相平衡		5			
测量绕组的绝缘电阻		5			
定子绕组首尾端的判别		5			
检测三相空载电流		5			
合计				20	

学生（签名）　　　　测评教师（签字）　　　　时间：

1. 拆卸三相异步电动机之前需要注意哪些事项？
2. 三相异步电动机在组装后应进行哪些方面的检查？
3. 拆卸轴承有哪些方法？如轴承过紧或轴承氧化不易拆卸时可以采用何种方式？

任务二 三相笼形异步电动机绕组的连接

【任务描述】

多数三相异步电动机有六个接线柱，如图 6-11 所示为三相电动机三个绕组的首端和尾端，分别用 U1、V1、W1 和 U2、V2、W2 表示，电动机运行时需要按电动机铭牌上的接法接线。

1）根据电动机的铭牌数据解读各项指标。

2）根据指导教师要求进行三相异步电动机的Y联结。

3）根据指导教师要求进行三相异步电动机的△联结。

图 6-11 三相异步电动机的外部接线端

【任务目标】

1）会看电动机上的铭牌。

2）会正确识别电动机六个接线柱。

3）会正确连接电动机常用的两种接法。

4）了解电动机定子绕组Y、△联结时，其绕组上的电压和电流的区别。

【所需器材】

本任务所需工具见表 6-7。

表 6-7 所需工具

序号	名称	型号规格	数量
1	螺钉旋具	一字型	1
2	螺钉旋具	十字型	1
3	剥线钳	通用型	1
4	万用表	MF47 型	1

【任务实施】

第一步：进行电动机的星形联结（Y联结）：把电动机的首端或末端相连，由剩下的三个接线端接入三相电源的联结称为星形联结。如把 U1、V1、W1 相连，由 U2、V2、W2 接入三相电源。三个绕组的连接像一颗星星，如图 6-12a 所示。

第二步：进行电动机的三角形联结（△联结）：三相线圈的尾首顺次相连后接三相电源的联结称三角形联结 。U1 和 W2 相连、V1 和 U2 相连、W1 和 V2 相连，即第一相的尾接第

二相的首，第二相的尾接第三相的首，第三相的尾接第一相的首。由U1、V1、W1三个接线端接入三相电源。三个绕组的连接像个三角形，如图6-12b所示。

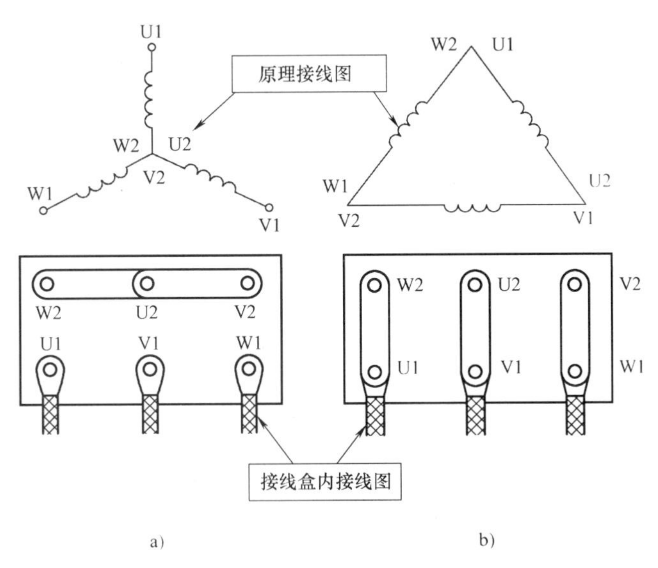

图6-12　电动机定子绕组Y、△联结接线盒内部接线图

a）绕组Y联结　b）绕组△联结

【相关知识链接】

电动机铭牌上面一般有这样几种表示方法：

1）额定电压为380V/220V，星形/三角形联结。这表明电动机每相绕组的额定电压为220V，如果电源线电压为220V，定子绕组则应接成三角形，如果电源电压为380V，则应接成星形。切不可误将星形接成三角形，这样将烧毁电动机。

2）额定电压为380V，三角形联结，这表明定子每相绕组的额定电压是380V，适用于电源线电压为380V的场合。

3）如果电动机额定电压为220V（日本工业电压为220V，电动机额定电压为220V，民用照明为110V），电动机采用三角形联结，可改成星形联结接到380V电压上。如果电动机已经是星形联结，则不能再接到380V电源上。

电动机起动时接成星形，加在每相定子绕组上的起动电压只有△联结的$1/\sqrt{3}$，起动电流为△联结的1/3，起动转矩也只有△联结的1/3。所以这种减压起动方法，只适用于轻载或空载下起动。

例：一台三相异步电动机铭牌上写明，额定电压380V/220V，定子采用星形或三角形联结，试问：

1）使用时，定子绕组接成三角形，接于380V的三相电源上，能否空载或带载运行，会发生什么现象？为什么？

2）使用时，定子绕组接成星形，接于220V的三相电源上，能否空载运行或带额定负载运行，会发生什么现象？为什么？

答：

1）使用时，如果定子绕组接成三角形，接于380V的三相电源上，会造成电动机冒烟，在短时间内烧坏电动机。主要因为电动机在三角形联结时，额定电压为220V，接在380V上，由于电源电压严重超过额定电压，所以短时间内就会损坏设备。

2）使用时，如果将定子绕组接成星形，接于220V的三相电源上，能空载运行，但不能带额定负载运行。如果带额定负载，电动机会发生堵转（不能起动），即使起动以后，也会发热。由于不是额定电压时，电动机的输出功率会降低。

【任务评价】

1）画出电动机Y联结的原理图，并对电动机6个端子进行连接。（见表6-8）。

表6-8 电动机Y联结

步骤	操作内容	使用工具及工艺要点	配分	实际得分
第一步	画出电动机Y联结的原理图		40	
第二步	对电动机6个端子进行连接		40	
第三步	通电试验规范		20	
合计			100	

2）画出电动机△联结的原理图，并对电动机6个端子进行连接。（见表6-9）

表6-9 电动机△联结

步骤	操作内容	使用工具及工艺要点	配分	实际得分
第一步	画出电动机△联结的原理图		40	
第二步	对电动机6个端子进行连接		40	
第三步	通电试验规范		20	
合计			100	

1. 三相异步电动机一般有几种连接方式？分别是什么？并画出其连接原理图。
2. 电动机定子绕组Y、△联结时，其绕组上的电压和电流有什么区别呢？

任务三 三相异步电动机常见故障的排除

【任务描述】

三相异步电动机在使用过程中，由于电动机自身原因，或者操作人员使用不当，往往会出现很多不同的故障现象，作为一名专业的电气维修人员，应该大致了解电动机故障的原因及处理方法。

在实训车间由指导教师对电动机设置人为故障，请同学们观察故障现象，并分析故障可能的范围，直至找出故障并修复。

【任务目标】

1）能找出故障电动机的具体部位或原因。

2）会对简单的故障进行修复。

【所需器材】

在排除三相电动机常见故障过程中需要用到的工具见表 6-10。

表 6-10　所需工具

序号	名称	规格型号	数量
1	螺钉旋具	一字型 3 吋	1
2	螺钉旋具	十字型 3 吋	1
3	橡胶锤		1
4	测电笔		1
5	小型扳手	8mm	1
6	三抓拉玛	90633	1
7	三相异步电动机	Y80M2-4	1
8	绕线模和绕线器		1
9	电工刀		1
10	电烙铁		1
11	万用表	MF47 型	1
12	兆欧表	ZC25-3	1
13	其他常用工具		若干

【任务实施】

情景 1：车床上 2 台 5.5kW 电动机轻载串联、重载并联运行，突然出现起动慢的情况，请进行相应的检查维修。

第一步：分析检查

经检查试车发现在串联运行时，第 2 台电动机线电压仅为 230V ，说明电动机内部有故障。用双臂电桥分别测两台电动机定子绕组的直流电阻时，发现第 2 台电动机定子绕组电阻不平衡，且与第 1 台数值不同（同一厂家出品同型号 2 台电动机），第 2 台 V 相直流电阻是 U 、W 相电阻值的一半。经解体检查，查出 V 相 a 根并绕的导线有一根断开。

第二步：修理方法

将 V 相绕组引线端断开的一根导线两端头焊牢，和另一根并绕线头同时与 V 相引出线接好，包上绝缘。处理后通电检查，两台电动机起动时间长的现象消失。

情景 2：一台三相笼型电动机停运后再通电不能起动

第一步：分析检查

造成这种现象的原因有电源断相、一相熔断器熔断、接触器一相开路和电动机一相开路，经解体检查，发现定子一相绕组烧毁。此烧毁原因是在上次运行中处于单相运行所致。

第二步：修理方法

一相绕组烧坏造成电动机单相运行，使其他两相绕组绝缘因过热而老化变脆。将全台绕组拆除，按原线径、匝数及连接方式重绕新绕组换上，则故障排除。

情景3：两台电动机运行不久又难起动

第一步：分析检查

首先检测两台电动机定子绕组直流电阻是否平衡。若平衡分析出现起动时间长可能是某一台转子有断条故障。用断路侦察仪检测第1台电动机转子，发觉转子上有2个槽中铸铝笼条断裂，断裂处离一端约50mm。

第二步：修理方法

在断条处用手电钻钻 ϕ4mm 小孔各一个，孔深12mm，再用M5丝锥攻出M5螺纹，用M5×10mm沉头螺钉旋入，使两断开的笼条通过螺钉连为一体，排除了断条故障后，通电试车两电动机起动顺利。

情景4：一台三相笼型电动机带负载不能起动

第一步：分析检查

该4极75kW电动机检修后不能带负载起动，经检查外部联结与铭牌标出联结不一样，铭牌上标为△联结，电动机实际为Y联结。这是检修时接线错误引起的起动困难。

第二步：修理方法

因该机引出6根引线，Y联结时，三根末端引线在外部封成星点。只要先剥去星点外绝缘层，用电烙铁烫开星点，把三相首末引线相序找对后，再按△联结接好线，焊牢和包上绝缘，就把接错线的毛病纠正。

【相关知识链接】

一般故障现象及处理方法：

一、通电后电动机不能转动，但无异响，也无异味和冒烟

1. 故障原因

1）电源未通（至少两相未通）。

2）熔体熔断（至少两相熔断）。

3）过流继电器调得过小。

4）控制设备接线错误。

2. 故障排除

1）检查电源回路开关，熔体、接线盒处是否有断点。

2）检查熔体型号、熔断原因，换新熔体。

3）调节继电器整定值与电动机配合。

4）改正接线。

二、通电后电动机不转，熔体烧断

1. 故障原因

1）缺一相电源，或定子绕组一相反接。

2）定子绕组相间短路。

3）定子绕组接地。

4）定子绕组接线错误。

5）熔体截面过小。

6）电源线短路或接地。

2. 故障排除

1）检查刀闸是否有一相未合好，消除反接故障。

2）查出短路点，予以修复。

3）消除接地。

4）查出误接处，予以更正。

5）更换熔体。

6）消除接地点。

三、通电后电动机不转有嗡嗡声

1. 故障原因

1）定子、转子绕组有断路（一相断线）或电源一相失电。

2）线圈引出线始末端接错或绕组内部接反。

3）电源回路接点松动，接触电阻大。

4）电动机负载过大或转子卡住。

5）电源电压过低。

6）小型电动机装配太紧或轴承内油脂过硬。

7）轴承卡住。

2. 故障排除

1）查明断点予以修复。

2）检查绕组极性。判断绕组末端是否正确。

3）紧固松动的接线螺钉，用万用表判断各接头是否假接，予以修复。

4）减载或查出并消除机械故障。

5）检查是还把规定的面接法误接为Y。是否由于电源导线过细使压降过大，并予以纠正。

6）重新装配使之灵活，更换合格油脂。

7）修复轴承。

四、电动机起动困难，额定负载时，电动机转速低于额定转速较多

1. 故障原因

1）电源电压过低。

2）面接法电动机误接为Y。

3）笼型转子开焊或断裂。

4）定子、转子局部绕组错接、接反。

5）修复电动机绕组时增加的匝数过多。

6）电动机过载。

2. 故障排除

1）测量电源电压，设法改善。

2）纠正接法。

3）检查开焊和断点并修复。

4）查出误接处，予以改正。

5）恢复正确匝数。

6）减载。

五、电动机空载电流不平衡，三相相差大

1. 故障原因

1）重绕时，定子三相绕组匝数不相等。

2）绕组首尾端接错。

3）电源电压不平衡。

4）绕组存在匝间短路、绕组反接等故障。

2. 故障排除

1）重新绕制定子绕组。

2）检查并纠正。

3）测量电源电压，设法消除不平衡。

4）消除绕组故障。

六、电动机空载、过负载时，电流表指针不稳

1. 故障原因

1）笼型转子导条开焊或断条。

2）绕线型转子故障（一相断路）或电刷、集电环短路装置接触不良。

2. 故障排除

1）查出断条予以修复或更换转子。

2）检查绕线型转子回路并加以修复。

七、电动机空载电流平衡，但数值大

1. 故障原因

1）修复时，定子绕组匝数减少过多。

2）电源电压过高。

3）星形联结的电动机误接为三角形联结。

4）电动机装配中，转子装反，使定子铁心未对齐，有效长度减短。

5）气隙过大或不均匀。

6）拆除旧绕组时，使用热拆法不当，使铁心烧损。

2. 故障排除

1）重绕定子绕组，恢复正确匝数。

2）设法恢复额定电压。

3）改接为Y联结。
4）重新装配。
5）更换新转子或调整气隙。
6）检修铁心。

八、电动机运行时响声不正常，有异响

1. 故障原因

1）转子与定子绝缘纸或槽楔相擦。
2）轴承磨损或油内有砂粒等异物。
3）定子、转子铁心松动。
4）轴承缺油。
5）风道填塞或风扇擦触风罩。
6）定子、转子铁心相擦。
7）电源电压过高或不平衡。
8）定子绕组错接或短路。

2. 故障排除

1）修剪绝缘，削低槽楔。
2）更换轴承或清洗轴承。
3）检修定子、转子铁心。
4）轴承加油。
5）清理风道，重新安装风扇。
6）消除擦痕。
7）检查并调整电源电压。
8）消除定子绕组故障。

九、运行中电动机振动较大

1. 故障原因

1）由于磨损轴承间隙过大。
2）气隙不均匀。
3）转子不平衡。
4）转轴弯曲。
5）铁心变形或松动。
6）联轴器中心未校正。
7）风扇不平衡。
8）机壳或基础强度不够。
9）电动机地脚螺钉松动。
10）笼型转子开焊断路、绕线转子断路、定子绕组故障。

2. 故障排除

1）检修轴承，必要时更换。

2）调整气隙，使之均匀。

3）校正转子动平衡。

4）校直转轴。

5）校正重叠铁心。

6）重新校正，使之符合规定。

7）检修风扇，校正平衡，纠正其几何形状。

8）进行加固。

9）紧固地脚螺钉。

10）修复转子绕组，修复定子绕组。

十、轴承过热

1. 故障原因

1）油脂过多或过少。

2）油脂不好含有杂质。

3）轴承与轴颈或端盖配合不当（过松或过紧）。

4）轴承内孔偏心，与轴相擦。

5）电动机端盖或轴承盖未装平。

6）电动机与负载间联轴器未校正或皮带过紧。

7）轴承间隙过大或过小。

8）电动机轴弯曲。

2. 故障排除

1）按规定加油脂（容积的 1/3 ~2/3）。

2）更换清洁的油脂。

3）过松可用粘结剂修复，过紧应车，磨轴颈或端盖内孔，使之适合。

4）修理轴承盖，消除擦点。

5）重新装配。

6）重新校正，调整皮带张力。

7）更换新轴承。

8）校正电动机轴或更换转子。

十一、电动机过热甚至冒烟

1. 故障原因

1）电源电压过高，使铁心发热大大增加。

2）电源电压过低，电动机又带额定负载运行，电流过大使绕组发热。

3）修理拆除绕组时，采用热拆法不当，烧伤铁心。

4）定子、转子铁心相摩擦。

5）电动机过载或频繁起动。

6）笼型转子断条。

7）电动机断相，两相运行。

8）重绕后绕组浸漆不充分。

9）环境温度高，电动机表面污垢多，通风道堵塞。

10）电动机风扇故障，通风不良；定子绕组故障（相间、匝间短路，定子绕组内部连接错误）。

2. 故障排除

1）降低电源电压（如调整供电变压器分接头），若是电动机Y、△的连接方式错误引起的，则应改正连接方式。

2）提高电源电压或换粗供电导线。

3）检修铁心，排除故障。

4）消除擦点（调整气隙或挫、车转子）。

5）减载。按规定次数控制起动。

6）检查并消除转子绕组故障。

7）恢复三相运行。

8）采用二次浸漆及真空浸漆工艺。

9）清洗电动机，改善环境温度，采用降温措施，清理通风道。

10）检查并修复风扇，必要时更换；检修定子绕组，消除故障。

【任务评价】

由教师人为的出一些简单的故障（非破坏性故障），学生根据故障现象进行分析，处理、教室现场打分谰价，并填入表6-11和表6-12。

表6-11　故障点1评价表

故障点1	学生描述	配分	得分
故障现象		5	
分析故障可能存在的部分		15	
查找故障部位的方法		15	
修复故障的方法		15	
教师评价		50	

表6-12　故障点2评价表

故障点2	学生描述	配分	得分
故障现象		5	
分析故障可能存在的部位		15	
查找故障部位的方法		15	
修复故障部位的方法		15	
教师评价		50	

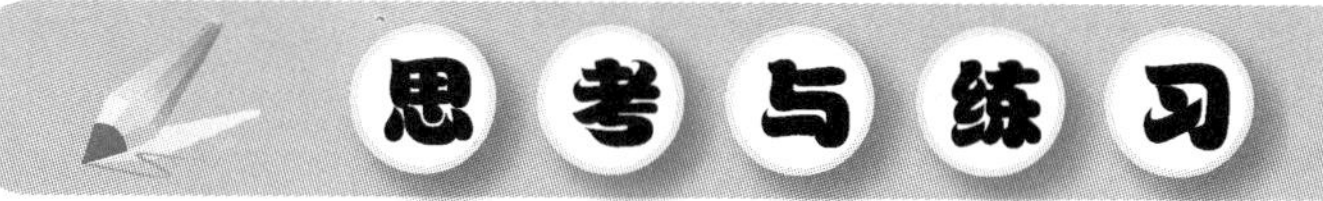

1. 如果一台三相笼型异步电动机带负载不能起动，请分析其原因，并阐述对应的解决办法。
2. 如果电动机空载电流不平衡，三相相差大，请分析其原因，并阐述对应的解决办法。

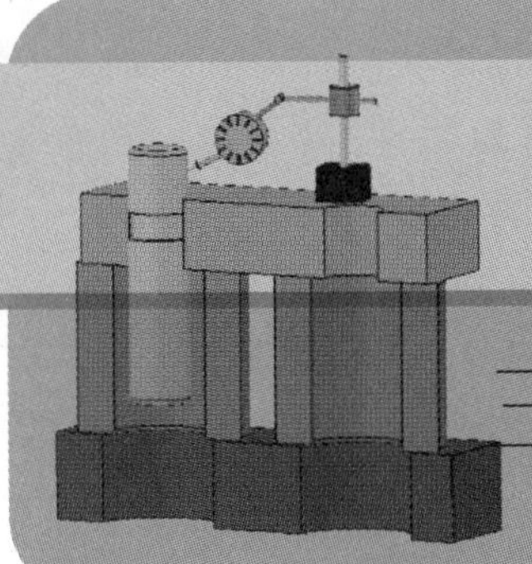

项目七 三相异步电动机控制电路的连接及电路故障的排除

三相异步电动机是一种重要的动力设备，将电能转换为机械能，驱动各类机械设备，广泛应用于化工、纺织、冶金、建筑、农机、矿山、轻工等行业，作为水泵、压缩机、机床、轧钢机、空调机、城市地铁、轻轨交通以及矿山电动车辆等主要机械驱动的动力源，在国民经济、人民生活等各个领域有着极其重要的影响，发挥了不可或缺的作用。但长期运行后会发生各种故障，判定故障并及时进行处理是防止故障扩大，保障设备正常运行的一项重要工作。

【能力目标】

技能目标

1）能依据电路原理图完成三相异步电动机几种常见控制电路的连接。

2）能依据电路工作原理掌握三相异步电动机控制电路的调试过程。

3）会排除三相异步电动机控制电路的常见故障。

知识目标

1）了解三相异步电机电动机常用控制电路的结构与工作原理。

2）了解三相异步电动机控制电路连接的工艺要求。

3）了解三相异步电动机控制电路常见故障产生原因及检修思路。

任务一　三相异步电动机单向正转控制电路的连接及故障的排除

三相异步电动机正转控制电路是一种最基本、最简单的电气控制电路。广泛应用于各种机床设备的电气控制系统之中。三相异步电动机正转运行按控制方式的不同可分为点动正转控制和接触器自锁正转控制两种模式。以 CA6140 卧式车床为例，该型车床设备中的主轴电动机需实现自锁正转控制，而刀架快移电动机则需进行点动正转控制。

【任务描述】

现有一台三相异步电动机，请利用实训室提供的电工工具以及各种器件完成电动机点动正转控制电路和接触器自锁正转控制电路的接线与通电调试工作。连接范围规定为三相异步电动机的电源引出线与控制电器以及实训室内三相交流电源之间，不涉及电动机绕组内部。

【任务目标】

1）学会分析三相电动机点动正转控制电路的工作原理，掌握该电路的连接与通电调试方法。

2）学会分析三相电动机接触器自锁正转控制电路的工作原理，掌握该电路的连接与通电调试方法。

3）掌握三相异步电动机正转控制电路常见故障的检测、分析及故障排除方法。

【所需器材】

1）连接三相异步电动机点动正转控制电路和接触器自锁正转控制电路所需工具见表7-1。

表 7-1　所需工具

序号	名称	型号规格	数量
1	螺钉旋具	十字形	1
2	剥线钳	HY-150	1
3	尖嘴钳		1
4	斜口钳		1
5	万用表	MF47 型	1

2）连接三相异步电动机正转控制电路所要用到的器件见表7-2。

表 7-2　所需器件

代号	名称	型号	规格	数量
M	三相异步电动机	Y-112M-4	4kW、380V、Y联结	1
QS	组合开关	HZ10-25-3	三极额定电流 25A	1
FU1	螺旋式熔断器	RL1-60/25	500V、60A 配熔体额定电流 25A	3
FU2	螺旋式熔断器	RL1-15/2	500V、15A 配熔体额定电流 2A	2
KM	交流接触器	CJ10-20	20A、线圈电压 380V	1
SB	按钮	LA4-3H	保护式、按钮数 3	1
FR	热继电器	JR16-20/3	三极、20A	1
XT	端子排	JD0-1020	10A、12 节	1
	主电路导线	BV1.5mm^2	红色硬线	适量
	控制电路导线	BV1mm^2	蓝色硬线	适量
	按钮引线	BVR0.75mm^2	蓝色软线	适量
	编码套管			若干
	木板(控制板)		650mm×500mm×30mm	1

【任务实施】

一、三相异步电动机点动正转控制电路的连接与调试

1. 识读三相异步电动机点动正转控制电路原理图

三相异步电动机点动正转控制电路原理图如图7-1所示。

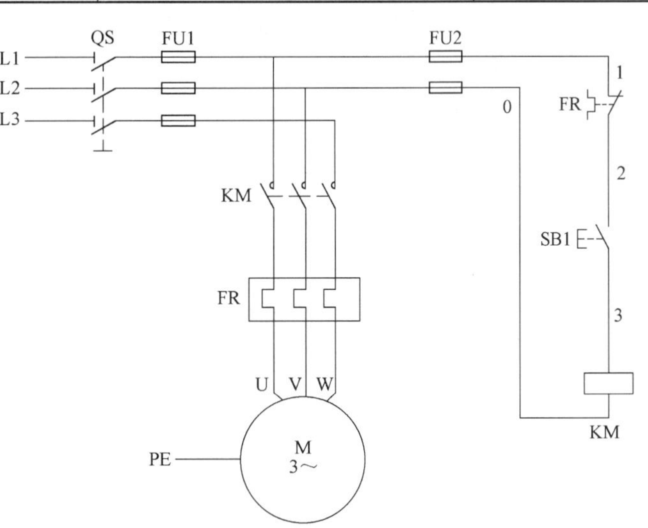

图 7-1　三相异步电动机点动正转控制电路原理图

2. 三相异步电动机点动正转控制原理

根据电路原理图，点动正转控制电路的工作原理可叙述为：

闭合组合开关 QS，

起动：按下按钮 SB→KM 线圈得电→KM 主触头闭合→电动机正转起动

停止：松开按钮 SB→KM 线圈失电→KM 主触头断开→电动机断电停转

停止使用时，断开组合开关 QS。

3. 安装三相异步电动机点动正转控制电路

（1）准备工作

认真识读三相异步电动机点动正转控制电路原理图，明确电路的组成和工作原理后，根据电动机的规格型号选配合适的工具和器材，并使用仪表进行质量检测，如发现元器件有质量问题，应立即以予更换。

（2）安装电器元件

在控制板上安装电器元件的步骤见表 7-3。图 7-2 为安装完成后的效果示意图。

表 7-3　控制板上安装电器元件的步骤

步骤	操作内容	过程示图	安装注意事项
1	熔断器安装	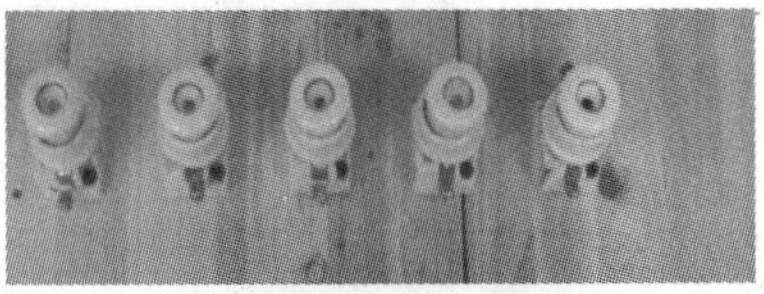	1. 组合开关、熔断器的受电端子应安装在控制板的外侧，并使熔断器的受电端为底座的中心端 2. 各元件的安装位置应整齐、均称、间距合理和便于更换元件 3. 紧固各元件时应用力均匀，紧固程度适当。在紧固熔断器、接触器等易碎裂元件时，应用手按住元件一边轻轻摇动，一边用旋具轮流旋紧对角线的螺钉，直至手感摇不动后再适当旋紧一些即可
2	组合开关安装		
3	交流接触器安装		
4	端子板安装		
5	按钮安装		

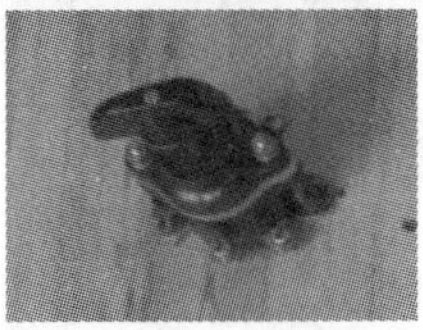

（3）电路安装

如图 7-3 所示，从组合开关 QS 的下接线端子开始，首先连接电路的控制电路部分，然后连接主电路部分。

图 7-2　电器元件布置图

图 7-3　线路布置图

连接控制电路时，一般选用截面积为 BV1mm^2 蓝色或绿色导线。应将同一走向的相邻导线并成一束。接入螺钉端子的导线先套好线号管，将芯线按顺时针方向绕成圆环，压接入端子，避免旋紧螺钉时将导线挤出，造成虚接。

连接主电路时，使用导线的截面积应按电动机的工作电流适当选取。一般选取 BV1.5mm^2 红色硬线，先将导线校直，利用剥线钳剥好两端的绝缘皮后成形，套上写好的线号管接到端子上。三相电源线直接接至组合开关 QS 的上接线端子，电动机接线盒至安装底板上的接线端子板之间应使用护套线连接，注意做好电动机外壳的接地保护线。

板前明线布线的工艺要求是：

1）布线通道尽可能少，同路并行导线按主、控电路分类集中，单层密排，紧贴安装面布线。

2）同一平面的导线应高低一致。

3）布线应横平竖直。

4）布线顺序一般以接触器为中心，由里向外，由低至高，先控制电路，后主电路进行。

5）布线时不得损伤线芯和导线绝缘。所有从一个接线端子到另一个接线端子的导线必须连续，中间无接头。

6）导线与接线端子或接线桩连接时，不得压绝缘层及露铜过长。在每根剥去绝缘层导线的两端套上编码套管。

7）一个电器元件接线端子上的连接导线不得多于两根，每节接线端子板上的连接导线一般只允许连接一根。

8）同一元件、同一回路的不同接点的导线间距离应一致。

4. 通电调试

正确连接好三相异步电动机点动正转控制电路后，经仔细检查之后，按照图 7-4 的顺序，通电检查点动正转控制效果。

图 7-4　三相异步电动机点动正转控制电路通电检查顺序

5. 常见故障及维修方法

三相异步电动机点动控制电路常见故障及维修方法见表 7-4。

表 7-4　三相异步电动机点动控制电路常见故障及维修方法

常见故障	故障原因	维修方法
电动机不起动	1. 熔断器熔体熔断 2. 断路器操作失控 3. 交流接触器不动作	1、查明原因排除后更换熔体 2. 拆装断路器并修复 3. 检查绕组或控制回路
电动机断相	动、静触头接触不良	对动、静触头进行修复
电源跳闸	1. 电动机绕组烧毁 2. 线路或端子板绝缘击穿	1. 更换电动机 2. 查清故障点排除

二、三相异步电动机接触器自锁正转控制电路的连接与调试

1. 识读三相异步电动机接触器自锁正转控制电路原理图

三相异步电动机接触器自锁正转控制电路原理图如图 7-5 所示。

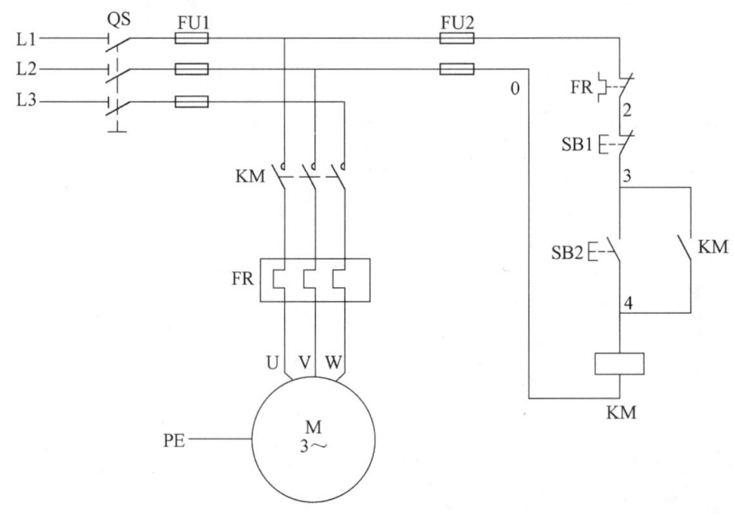

图 7-5　三相异步电动机接触器自锁正转控制电路原理图

2. 三相异步电动机接触器自锁正转控制原理

根据原理图，接触器自锁正转控制电路的工作原理可叙述为：

闭合组合开关 QS，

起动：按下起动按钮 SB1→KM 线圈得电→{KM 主触头闭合；KM 常开辅助触头闭合自锁}→电动机 M 起动连续运转

停止：按下停止按钮 SB2→KM 线圈失电→{KM 主触头断开；KM 常开辅助触头数开}→电动机 M 断电停止运行

停止使用时，断开组合开关 QS。

3. 安装三相异步电动机接触器自锁正转控制电路

（1）准备工作

认真识读三相异步电动机接触器自锁正转控制电路原理图，明确电路的组成和工作原理

后，根据电动机的规格型号选配合适的工具和器材，并使用仪表进行质量检测，如发现元器件有质量问题，应立即以予更换。

（2）安装电器元件

连接三相异步电动机接触器自锁正转控制电路所需要用到的电器元件与点动控制电路所用器件是相同的，因此可参照表7-3所示步骤在控制板上安装电器元件。图7-6为完成安装后的效果示意图。

图7-6　电器元件安装示意图

图7-7　自锁正转控制电路安装图

（3）电路安装

如图7-7所示，从组合开关QS的下接线端子开始，首先连接电路的控制电路部分，然后连接主电路部分。接线过程以及工艺要求与点动控制电路的连接类似。

4. 通电调试

正确连接好三相异步电动机接触器自锁正转控制电路后，经仔细检查之后，按照图7-8的顺序，通电检查电动机连续正转控制效果。

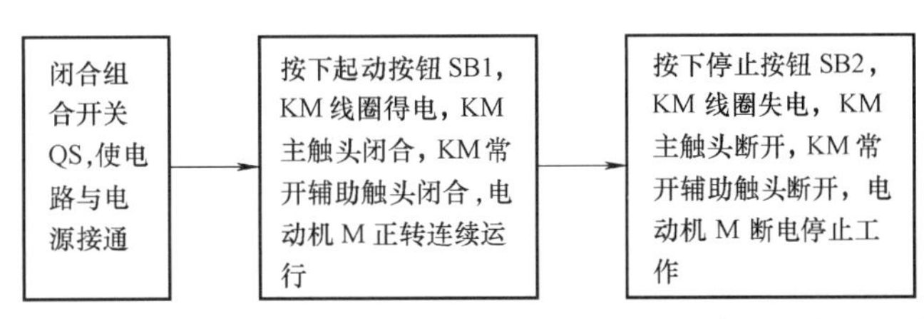

图7-8　三相异步电动机接触器自锁正转控制电路通电检查顺序

5. 常见故障及检修

三相异步电动机接触器自锁正转控制电路常见故障及检修方法见表7-5。

表7-5　三相异步电动机接触器自锁正转控制电路常见故障及检修方法

常见故障	故障原因	维修方法
电动机不起动	1. 熔断器熔体熔断 2. 断路器操作失控 3. 交流接触器不动作	1. 查明原因排除后更换熔体 2. 拆装断路器并修复 3. 检查绕组或控制回路
电动机断相	动、静触头接触不良	对动、静触头进行修复
电源跳闸	1. 电动机绕阻烧毁 2. 电路或端子板绝缘击穿	1. 更换电动机 2. 查清故障点排除
电动机不停车	1. 触头烧损粘连 2. 停止按钮接点粘连	1. 拆开修复 2. 更换按钮

【任务评价】

1）请对三相异步电动机正转控制电路中所需元器件进行相关数据检测，完成表7-6记录填写。(20分)

表7-6　三相异步电动机正转控制电路元器件检测表

元器件	型号及检测内容		配分	评分标准	得分
三相异步电动机	额定功率		2	检测错不得分	
	额定电流			检测错不得分	
组合开关	型号		1	检测错不得分	
熔断器 FU1	型号		2	检测错不得分	
	额定电流			检测错不得分	
熔断器 FU2	型号		2	检测错不得分	
	额定电流			检测错不得分	
交流接触器	型号		6	检测错不得分	
	测量线圈阻值			检测错不得分	
	测量档位			检测错不得分	
热继电器	型号		1	检测错不得分	
按钮	画出常开、常闭触头		6	画错不得分	

2）根据你对三相异步电动机接触器自锁正转控制电路的了解，试分析电路工作原理(10分)

3）通电调试测评。在保障人身安全和设备安全的前提下，经指导教师检查之后通电试车，并对电路完成情况进行评分。(70分)

表7-7　三相异步电动机正转控制电路任务评价表

<table>
<tr><th>项目内容</th><th>配分</th><th colspan="4">评 分 标 准</th><th>扣分</th></tr>
<tr><td>器件检测</td><td>5分</td><td colspan="4">电器元件漏检或错检　　每处扣1分</td><td></td></tr>
<tr><td>安装元器件</td><td>15分</td><td colspan="4">1. 不按布置图安装　　每处扣3分
2. 元件安装不牢固　　每处扣2分
3. 元件安装不整齐、不均匀、不合理　　每处扣1分
4. 安装过程损坏元器件　　每处扣5分</td><td></td></tr>
<tr><td>接线工艺</td><td>40分</td><td colspan="4">1. 不按电路图接线　　每处扣3分
2. 布线不符合要求　　每处扣1分
3. 接点松动、铜丝裸露过长　　每处扣1分
4. 损伤导线绝缘层或线芯　　每处扣1分
5. 号码管未套接、编号不正确　　每处扣0.5分</td><td></td></tr>
<tr><td>通电调试</td><td>40分</td><td colspan="4">1. 第一次通电试车不成功　　扣10分
2. 第二次通电试车不成功　　扣10分
3. 第三次通电试车不成功　　扣10分</td><td></td></tr>
<tr><td>安全文明生产</td><td colspan="5">违反安全文明生产规程　　扣10分</td><td></td></tr>
<tr><td>定额时间</td><td colspan="5">时间2.5h，每超过5min　　扣5分</td><td></td></tr>
<tr><td>备注</td><td colspan="5">除定额时间外，各项目最高扣分不应超过配分数</td><td>成绩</td></tr>
<tr><td>开始时间</td><td colspan="2"></td><td>结束时间</td><td></td><td>实际用时</td><td></td></tr>
</table>

思考与练习

1. 试说明什么叫点动控制？
2. 接触器自锁正转控制电路中都有哪些保护？各由什么电器来实现？
3. 简述板前明线布线的工艺要求？

任务二　三相异步电动机正反转控制电路的连接及故障的排除

【任务描述】

三相异步电动机正转控制电路只能满足电动机朝一个方向旋转运行，带动生产机械的运动部件朝一个方向运动。如果要满足生产机械运动部件能向正、反两个方向运行，就要求电动机能实现正反转控制。在实际生产中，镗床设备中主轴电动机的正转和反转；铣床工作平台的前进、后退，左、右移动；起重机吊钩的上升、下降都涉及到了电动机的正反转控制。

现有一台三相交流异步电动机，请利用实训室提供的电工工具以及各种器件分别完成三相异步电动机接触器联锁正反转控制电路和接触器按钮双重联锁正反转控制电路的接线与通电调试工作。连接范围规定为三相异步电动机的电源引出线与控制电器以及实训室内三相交流电源之间，不涉及电动机绕组内部。

【任务目标】

1）学会分析三相异步电动机接触器联锁正反转控制电路的工作原理，熟练掌握该电路的连接与通电调试方法。

2）学会分析三相异步电动机接触器按钮联锁正反转控制电路的工作原理，熟练掌握该电路的连接与通电调试方法。

3）掌握三相异步电动机正反转控制电路中常见故障的检测、分析及故障排除方法。

【所需器材】

1）连接三相异步电动机正反转控制电路所需工具见表7-8。

表7-8　所需工具

序号	名称	型号规格	数量
1	螺钉旋具	十字型	1
2	剥线钳	HY-150	1
3	尖嘴钳		1
4	斜口钳		1
5	万用表	MF47型	1

2）连接三相异步电动机正反转控制电路所要用到的器件见表7-9。

表 7-9 所需器件

代号	名称	型号	规格	数量
M	三相异步电动机	Y-112M-4	4kW、380V、Y联结	1
QS	组合开关	HZ10-25-3	三极额定电流 25A	1
FU1	螺旋式熔断器	RL1-60/25	500V、60A 配熔体额定电流 25A	3
FU2	螺旋式熔断器	RL1-15/2	500V、15A 配熔体额定电流 2A	2
KM	交流接触器	CJ10-20	20A、线圈电压 380V	2
SB	按钮	LA4-3H	保护式、按钮数 3	1
FR	热继电器	JR16-20/3	三极、20A	1
XT	端子排	JD0-1020	10A、12 节	1
	主电路导线	BV1.5mm^2	红色硬线	适量
	控制电路导线	BV1mm^2	蓝色硬线	适量
	按钮引线	BVR0.75 mm^2	蓝色软线	适量
	编码套管			若干
	木板(控制板)		650mm×500mm×30mm	1

【任务实施】

一、三相异步电动机接触器联锁正反转控制电路的连接与调试

1. 识读三相异步电动机接触器联锁正反转控制电路原理图

三相异步电动机接触器联锁正反转电路原理图如图 7-9 所示。

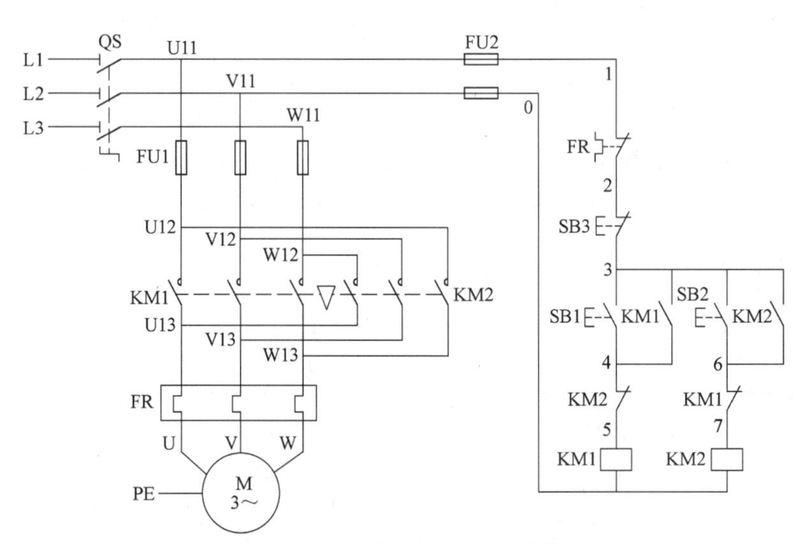

图 7-9 三相异步电动机接触器联锁正反转控制电路原理图

2. 三相异步电动机接触器联锁正反转控制原理

根据图 7-9 电路原理图，三相异步电动机接触器联锁正反转控制电路的工作原理可叙述为：

闭合组合开关 QS

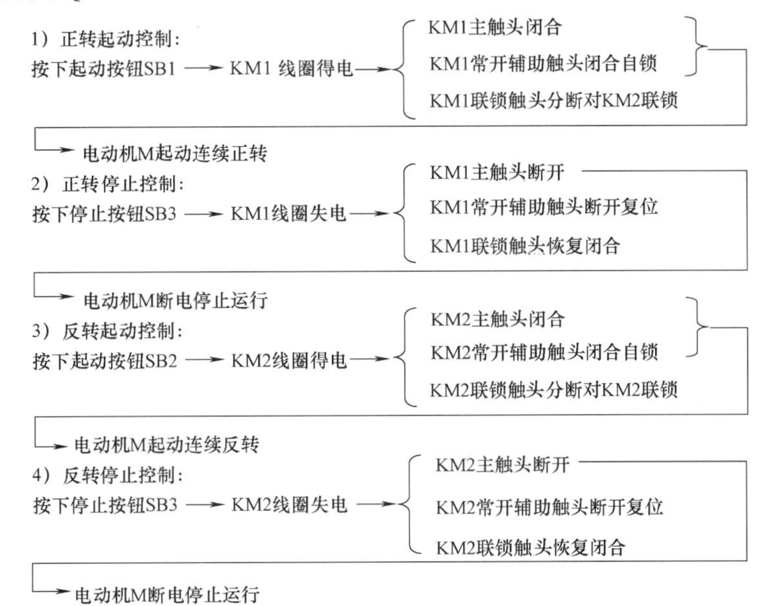

停止使用时，断开组合开关 QS。

3. 安装三相异步电动机接触器联锁正反转控制电路

（1）准备工作

认真识读三相异步电动机接触器联锁正反转控制电路原理图，明确电路的组成和工作原理后，根据电动机的规格型号选配合适的工具和器材，并使用仪表进行质量检测，如发现元器件有质量问题，应立即予以更换。

（2）安装电器元件

在控制板上安装电器元件的步骤见表 7-10。图 7-10 为安装完成后的效果示意图。

表 7-10 控制板上安装电器元件的步骤

步骤	操作内容	过程示图	安装注意事项
1	熔断器安装		1. 组合开关、熔断器的受电端子应安装在控制板的外侧，并使熔断器的受电端为底座的中心端 2. 各元件的安装位置应整齐、均称、间距合理和便于更换元件 3. 紧固各元件时应用力均匀，紧固程度适当。在紧固熔断器、接触器等易碎裂元件时，应用手按住元件一边轻轻摇动，一边用旋具轮流旋紧对角线的螺钉，直至手感摇不动后再适当旋紧一些即可
2	组合开关安装		
3	交流接触器安装		

（续）

步骤	操作内容	过程示图	安装注意事项
4	端子板安装		1. 组合开关、熔断器的受电端子应安装在控制板的外侧，并使熔断器的受电端为底座的中心端 2. 各元件的安装位置应整齐、均称、间距合理和便于更换元件 3. 紧固各元件时应用力均匀，紧固程度适当。在紧固熔断器、接触器等易碎裂元件时，应用手按住元件一边轻轻摇动，一边用旋具轮流旋紧对角线的螺钉，直至手感摇不动后再适当旋紧一些即可
5	按钮安装		

图 7-10　电器元件效果示意图

图 7-11　线路布置图

(3) 线路安装

如图 7-11 所示，从组合开关 QS 的下接线端子开始，首先连接电路的控制电路部分，然后连接主电路部分。

连接控制电路时，一般选用截面积为 BV1mm^2 蓝色或绿色导线。应将同一走向的相邻导线并成一束。接入螺钉端子的导线先套好线号管，将芯线按顺时针方向绕成圆环，压接入端子，避免旋紧螺钉时将导线挤出，造成虚接。

连接主电路时，使用导线的截面积应按电动机的工作电流适当选取。一般选取 BV1.5mm^2 红色硬线，先将导线校直，利用剥线钳剥好两端的绝缘皮后成型，套上写好的线号管并接到端子上。三相电源线直接接至组合开关 QS 的上接线端子，电动机接线盒至安装底板上的接线端子板之间应使用护套线连接。注意做好电动机外壳的接地保护线。

板前明线布线的工艺要求与三相异步电动机正转控制电路的连接一致。

(4) 通电调试

正确连接好三相异步电动机接触器联锁正反转控制电路后，按照图 7-12 的顺序，通电

检查接触器联锁正反转控制电路控制效果。

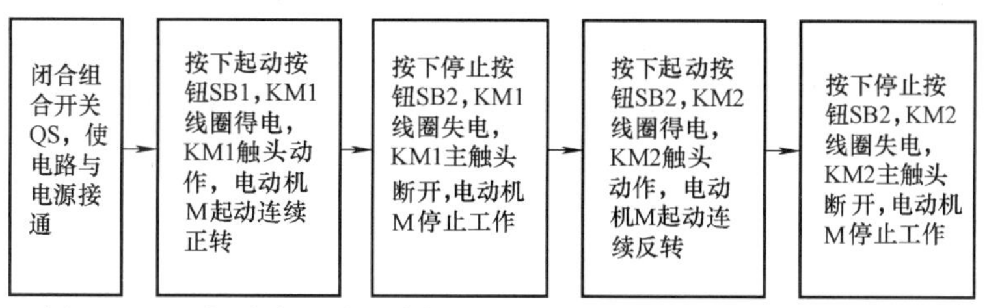

图 7-12　三相异步电动机接触器联锁正反转控制电路通电检查顺序

二、三相异步电动机接触器、按钮双重联锁正反转控制电路的连接与调试

1. 识读三相异步电动机接触器、按钮双重联锁正反转控制电路原理图

三相异步电动机接触器、按钮双重联锁正反转电路原理图如图 7-13 所示。

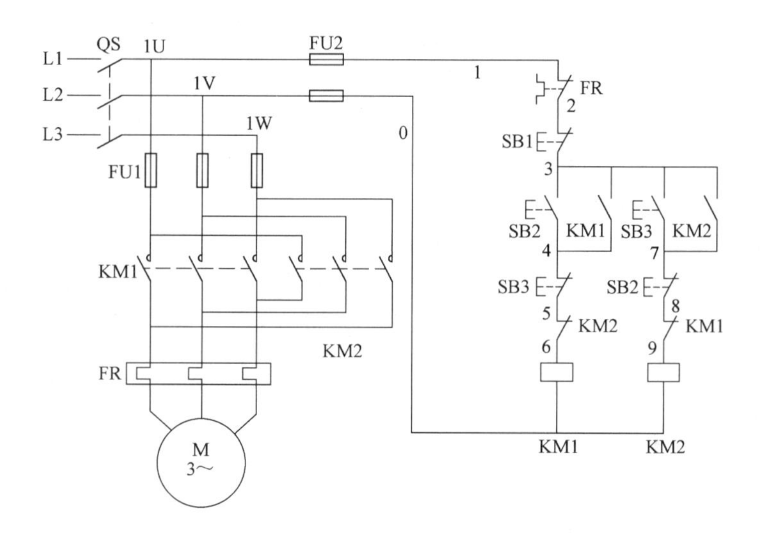

图 7-13　三相异步电动机接触器、按钮双重联锁正反转控制电路原理图

2. 三相异步电动机接触器、按钮双重联锁正反转控制原理

根据图 7-13 电路原理图，三相异步电动机接触器、按钮双重联锁正反转控制电路的工作原理可叙述为：首先闭合组合开关 QS。

（1）正转控制

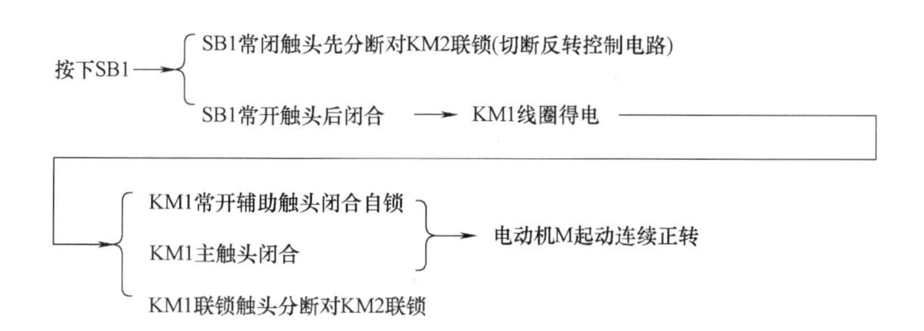

（2）反转控制

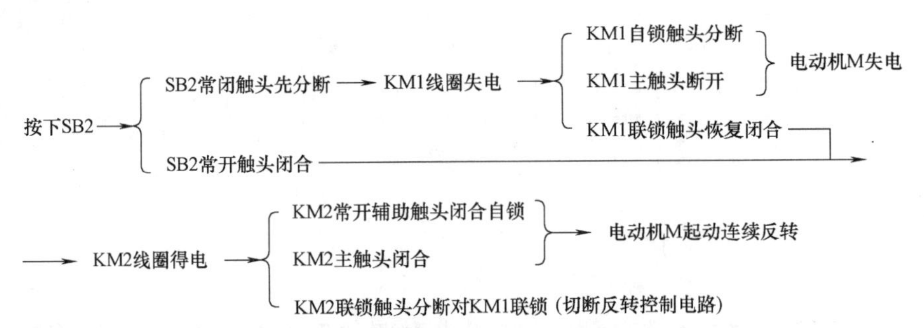

若要停止，按下停止按钮 SB3，整个电路失电，主触头分断，电动机 M 失电停止工作。

3. 安装三相异步电动机接触器、按钮双重联锁正反转控制电路

（1）准备工作

认真识读三相异步电动机接触器、按钮联锁正反转控制电路原理图，明确电路的组成和工作原理后，根据电动机的规格型号选配合适的工具和器材，并使用仪表进行质量检测，如发现元器件有质量问题，应立即以予更换。

（2）安装电器元件

连接三相异步电动机接触器、按钮双重联锁正反转控制电路所需要用到的电器元件与接触器联锁正反转控制电路所用器件是相同的，固可参照表 7-10 所示步骤在控制板上安装电器元件，布置位置可参照图 7-14。

图 7-14　接触器、按钮双重联锁控制电路连接实物图

（3）电路安装

如图 7-14 所示，从组合开关 QS 的下接线端子开始，首先连接电路的控制电路部分，然后连接主电路部分。接线过程以及工艺要求与三相异步电动机接触器联锁正反转控制电路的连接类似。

4. 通电调试

在保障人身和设备安全的前提下，正确使用电工工具及万用表，对各控制电器和连接线路进行仔细检查，有序通电试车，测试接触器、按钮双重联锁正反转控制电路控制效果。

三、常见故障及检修方法

三相异步电动机正反转控制电路常见故障及检修方法见表 7-11。

表 7-11　三相异步电动机正反转控制电路常见故障及检修方法

常见故障	故障原因	检修方法
按下起动按钮，接触器不吸合，电动机不转	1. 控制回路没有输入电压 2. 熔断器接触不良或熔体熔断，按钮常闭触头接触不良 3. 交流接触器线圈可能断路 4. 接触器常闭触头接触不良	1. 利用万用表测量电源电压 2. 拧紧熔断器触头或更换熔体，修理按钮触头 3. 更换交流接触器线圈 4. 检测维修接触器常闭触头

（续）

常见故障	故障原因	检修方法
合上电源开关，正转接触器吸合，电动机正转	1. 起动按钮 SB1 常开触头错接成常闭触头 2. KM1 自锁常开触头错接成常闭触头	改正接线错误的部分
合上电源开关，反转接触器吸合，电动机反转	1. 起动按钮 SB2 常开触头错接成常闭触头 2. KM2 自锁常开触头错接成常闭触头	改正接线错误的部分
按下正转起动按钮，接触器吸合，电动机转动，松开按钮电动机停转，没有自锁	1. 连接交流接触器线圈的导线与自锁触头连接线接错 2. KM1 自锁触头接触不良 3. KM1 自锁触头连接线断开	1. 改正错误的部分接线 2. 修理 KM1 接触器常开触头 3. 将断开的导线重新接好
按下反转起动按钮，接触器吸合，电动机转动，松开按钮电动机停转，没有自锁	1. 连接交流接触器线圈的导线与自锁触头连接线接错 2. KM2 自锁触头接触不良 3. KM2 自锁触头连接线断开	1. 改正错误的部分接线 2. 修理 KM2 接触器常开触头 3. 将断开的导线重新接好
电动机有正转没有反转	1. KM1 常闭触头可能断路 2. SB1 的常闭触头接触不良	1. 调整 KM1 常闭触头 2. 修理 SB1 使其触头接触良好
电动机有反转没有正转	1. KM2 常闭触头可能断路 2. SB2 的常闭触头接触不良	1. 调整 KM2 常闭触头 2. 修理 SB2 使其触头接触良好

【任务评价】

1）请对三相异步电动机正反转控制电路中所需元器件进行相关数据检测，完成表7-12记录填写。（20 分）

表 7-12　三相异步电动机正反转控制电路元器件检测表

元器件	型号及检测内容		配分	评分标准	得分
三相异步电动机	额定功率		2	检测错不得分	
	额定电流			检测错不得分	
组合开关	型号		1	检测错不得分	
熔断器 FU1	型号		2	检测错不得分	
	额定电流			检测错不得分	
熔断器 FU2	型号		2	检测错不得分	
	额定电流			检测错不得分	
交流接触器	型号		6	检测错不得分	
	测量绕组阻值			检测错不得分	
	测量档位			检测错不得分	
热继电器	型号		1	检测错不得分	
按钮	画出常开、常闭触头		6	画错不得分	

2）根据你对三相异步电动机接触器、按钮双重联锁正反转控制电路的了解，试分析电路工作原理。（10 分）

3）通电调试测评。在保障人身安全和设备安全的前提下，经指导教师检查之后通电试车，并对电路完成情况进行评分，评价表见表 7-13。（70 分）

表 7-13　三相异步电动机正反转控制电路任务评价表

<table>
<tr><th>项目内容</th><th colspan="2">配分</th><th colspan="2">评 分 标 准</th><th>扣分</th></tr>
<tr><td>器件检测</td><td colspan="2">5 分</td><td colspan="2">电器元件漏检或错检　每处扣 1 分</td><td></td></tr>
<tr><td>安装元器件</td><td colspan="2">15 分</td><td colspan="2">1. 不按布置图安装　每处扣 3 分
2. 元件安装不牢固　每处扣 2 分
3. 元件安装不整齐、不均匀、不合理　每处扣 1 分
4. 安装过程损坏元器件　每处扣 5 分</td><td></td></tr>
<tr><td>接线工艺</td><td colspan="2">40 分</td><td colspan="2">1. 不按电路图接线　每处扣 3 分
2. 布线不符合要求　每处扣 1 分
3. 接点松动、铜丝裸露过长　每处扣 1 分
4. 损伤导线绝缘层或线芯　每处扣 1 分
5. 号码管未套接、编号不正确　每处扣 0.5 分</td><td></td></tr>
<tr><td>通电调试</td><td colspan="2">40 分</td><td colspan="2">1. 第一次通电试车不成功　扣 10 分
2. 第二次通电试车不成功　扣 10 分
3. 第三次通电试车不成功　扣 10 分</td><td></td></tr>
<tr><td>安全文明生产</td><td colspan="4">违反安全文明生产规程　扣 10 分</td><td></td></tr>
<tr><td>定额时间</td><td colspan="4">时间 2.5h，每超过 5min　扣 5 分</td><td></td></tr>
<tr><td>备注</td><td colspan="3">除定额时间外，各项目最高扣分不应超过配分数</td><td>成绩</td><td></td></tr>
<tr><td>开始时间</td><td></td><td>结束时间</td><td></td><td>实际用时</td><td></td></tr>
</table>

1. 试分析接触器联锁正反转控制电路的工作原理？该电路有哪些优点和不足？

2. 在正反转控制电路工作过程中如果 KM1 和 KM2 同时闭合会有什么后果？应采取什么措施解决这个问题？

3. 根据你所学知识，试画出点动控制双重联锁正反转控制电路图。

任务三　三相异步电动机制动控制电路的连接及故障的排除

【任务描述】

一台正常运行设备，突然出现制动失败的故障，经使用人申请后，报请维修部门实施日常维修，请完成故障分析和排除，并填写维修申请单。

【任务目标】

1）能熟练运用仪器仪表对三相电动机制动控制电路进行检测。

2）能熟练运用工具对三相电动机制动控制电路故障进行排除。

3）掌握三相电动机制动控制电路的原理和分析方法。

【所需器材】

连接三相异步电动机制动控制电路所需工具见表 7-14。

表 7-14　所需工具

序号	名称	型号规格	数量
1	螺钉旋具	十字型 3in	1
2	剥线钳	HY-150	1
3	尖嘴钳		1
4	斜口钳		1
5	万用表	MF47 型	1

【任务实施】

一、反接制动控制电路

反接制动实质上是改变异步电动机定子绕组中的三相电源相序，使定子绕组产生与转子方向相反的旋转磁场，因而产生制动转矩的一种制动方法。

电动机反接制动时，转子与旋转磁场的相对速度接近于两倍的同步转速，所以定子绕组流过的反接制动电流相当于全压起动电流的两倍，因此反接制动的制动转矩大，制动迅速，但冲击大，通常适用于10kW 及以下的小容量电动机。为防止绕组过热、减小冲击电流，通常在笼型异步电动机定子电路中串入反接制动电阻。另外，采用反接制动，当电动机转速降至零时，要及时将反接电源切断，防止电动机反向再起动，通常是用速度继电器来检测电动机转速并控制电动机反接电源的通断。

电动机单向反接制动控制电路如图 7-15 所示。

图中 KM1 为电动机单向运行接触器，KM2 为反接制动接触器，KS 为速度继电器，R 为反接制动电阻。

电路工作分析：单向起动及运行：合上电源开关 Q，按下 SB2，KM1 通电并自锁，电动机全压起动并正常运行，与电动机有机械联接的速度继电器 KS 转速超过其动作值时，其相应的触头闭合，为反接制动准备。

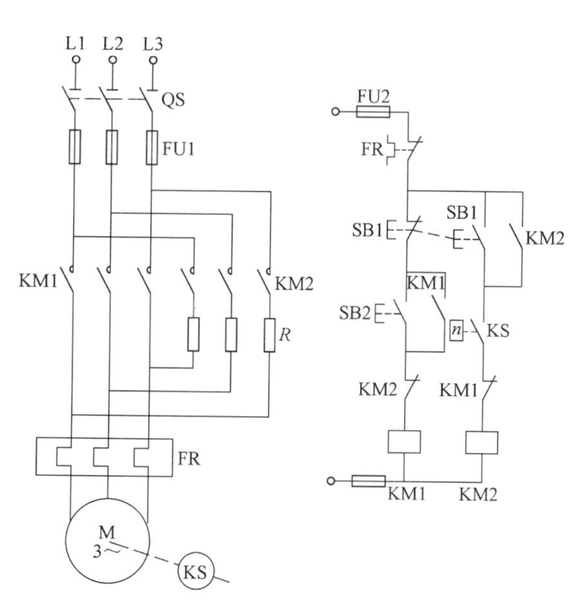

图 7-15　电动机单向反接制动控制电路

反接制动：停车时，按下 SB1，其常闭触头断开，KM1 线圈断电释放，KM1 常开主触头和常开辅助触头同时断开，切断电动机原相序三相电源，电动机惯性运转。当 SB1 按到底时，其常开触头闭合，使 KM2 线圈通电并自锁，KM2 常闭辅助触头断开，切断 KM1 线圈控制电路。同时其常开主触头闭合，电动机串三相对称电阻接入反相序三相电源进行反接制动，电动机转速迅速下降。当转速下降到速度继电器 KS 释放转速时，KS 释放，其常开触头复位断开，切断 KM2 线圈控制电路，KM2 线圈断电释放，其常开主触头断开，切断电动机反相序三相交流电源，反接制动结束，电动机自然停车。

反接制动检测流程如图 7-16 所示。

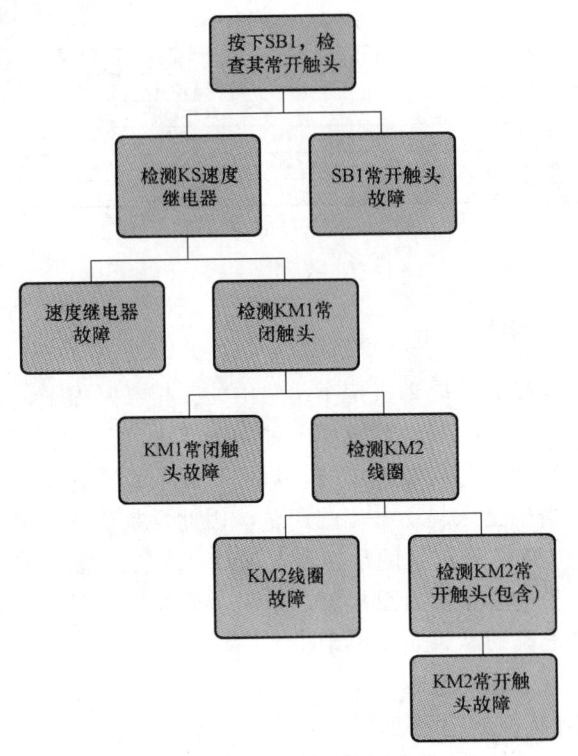

图 7-16 反接制动检测流程

二、能耗制动控制

能耗制动控制电路如图 7-17 所示。

图中 KM1、KM2 为电动机正反向接触器，KM3 为能耗制动接触器，KS 为速度继电器。

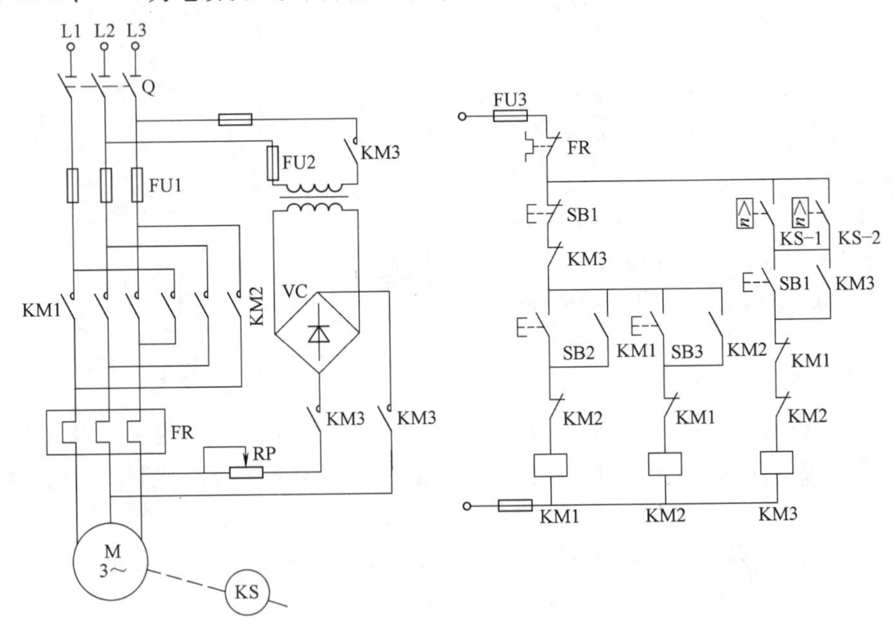

图 7-17 能耗制动电路

电路工作分析：

正反向起动：合上电源开关 Q，按下正转或反转起动按钮 SB2 或 SB3，相应接触器 KM1 或 KM2 通电并自锁，电动机正常运转。速度继电器相应触头 KS-1 或 KS-2 闭合，为停车接通 KM3，实现能耗制动作准备。

能耗制动：停车时，按下停止按钮 SB1，定子绕组脱离三相交流电源，同时 KM3 通电，电动机定子接入直流电源进行能耗制动，转速迅速下降，当转速降至 100r/min 时，速度继电器释放，其 KS-1 或 KS-2 触头复位断开，此时 KM3 断电。能耗制动结束，电动机自然停车。

对于负载转矩较为稳定的电动机，能耗制动时采用时间原则控制为宜，因为此时对时间继电器的延时整定较为固定。对于通过传动机构来反映电动机转速的电动机，采用速度原则控制较为合适，应视具体情况而定。

能耗制动检测流程如图 7-18 所示。

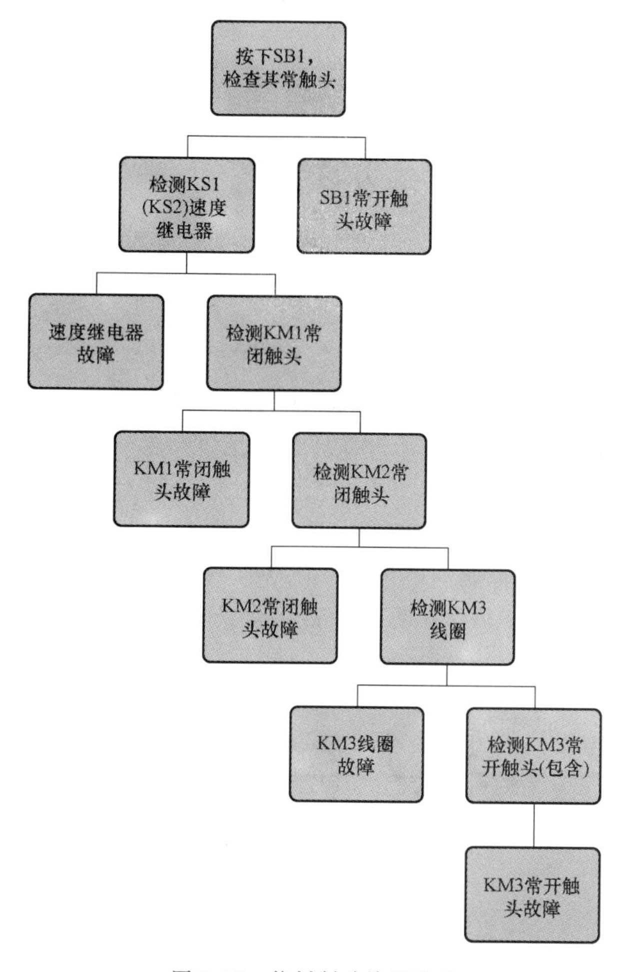

图 7-18　能耗制动检测流程

【任务评价】

完成制动控制电路的检测。在实施过程中，侧重于检测思路及工具的使用规范。完成表

7-15 的填写，要求字迹清晰，描述正确。

表 7-15　维修记录表

<table>
<tr><td rowspan="8">设备保护人员填写</td><td colspan="6">维修记录</td></tr>
<tr><td>故障分析</td><td colspan="5">机械故障□　电源故障□　传动故障□　润滑故障□　散热故障□　其他□
详情：</td></tr>
<tr><td>维修方式</td><td colspan="5"></td></tr>
<tr><td>所需配件</td><td colspan="5"></td></tr>
<tr><td></td><td colspan="5"></td></tr>
<tr><td>维修修别</td><td colspan="5">大修□　中修□　部件维修□　备件更换□　例行检修□　其他□</td></tr>
<tr><td>完成时间</td><td>年　月　日　点　分</td><td>停机时长</td><td>小时</td><td>维修用时</td><td>小时</td></tr>
<tr><td>纠正预防措施</td><td colspan="5"></td></tr>
<tr><td rowspan="2">维修评价</td><td colspan="4">是否维修完成　　是□　　否□
满意度：100%□　90%□　80%□　70%□　60%□　不满意□</td><td colspan="2" rowspan="2">签字/日期：</td></tr>
<tr><td colspan="4">改进意见：</td></tr>
</table>

任务四　三相异步电动机Y-△减压起动控制电路的连接及故障的排除

三相异步电动机在起动过程中起动电流较大，所以容量大的电动机必须采取一定的方式起动，星-三角形换接起动就是一种简单方便的减压起动方式。星-三角形起动可通过手动和自动操作控制方式实现。

对于三角形联结的笼式异步电动机而言，如果在起动时将定子绕组接成星形，待起动完毕后再接成三角形，就可以降低起动电流，减轻对电网的冲击。这样的起动方式称为星-三角形减压起动，或简称为星-三角形起动（Y-△起动）。

【任务描述】

1）连接三相异步电动机的Y-△自动减压起动控制电路。

2）控制电路连接完毕，必须通电检测其控制效果。

3）对连接好的电路中可能出现的故障进行分析、检测、排除。

【任务目标】

1）掌握三相异步电动机Y-△自动减压起动控制的接线和操作方法。

2）会对三相异步电动机Y-△自动减压起动控制电路的故障进行排除。

【所需器材】

本任务所需器材见表 7-16。

表 7-16　实训器材

代号	名称	型号	规格	数量
M	三相异步电动机	Y-112M-4	4kW、380V、△联结	1
QS	组合开关	HZ10-25-3	三极额定电流 25A	1
FU1	螺旋式熔断器	RL1-60/25	500V、60A 配熔体额定电流 25A	3
FU2	螺旋式熔断器	RL1-15/2	500V、15A 配熔体 2A	2
KM、KM_{Δ}、KM_{Y}	交流接触器	CJ10-20	20A、线圈电压 380V	3
SB1、SB2	按钮	LA4-3H	保护式、按钮数 3	1
FR	热继电器	JR16-20/3	三极、20A	1
KT	时间继电器	JS7-2A	线圈电压 380V	1
XT	端子排	JD0-1020	10A、20 节	1
	木板（控制板）		650mm×500mm×50mm	1
	万用表			1
	常用电工工具			若干

【任务实施】

一、准备工作

1. 电器元件的结构及动作原理

连接控制电路前，应熟悉按钮、交流接触器、热继电器的结构形式、动作原理及接线方式和方法。

2. 记录任务设备参数

将所使用的主要设备的型号规格及额定参数记录下来，并理解和体会各参数的实际意义。

3. 电动机的外观检查

实训接线前应先检查电动机的外观有无异常。如条件许可，可用手盘动电动机的转子，观察转子转动是否灵活，与定子的间隙是否有摩擦现象等。

4. 电动机的绝缘检查

使用绝缘电阻表依次测量电动机绕组与外壳间及各绕组间的绝缘电阻值，并将测量数据记录于表 7-17 中，同时应检查绝缘电阻值是否符合要求。

表 7-17　绝缘检查

相间绝缘	绝缘电阻/MΩ	各相对地绝缘	绝缘电阻/MΩ
U 相与 V 相		U 相对地	
V 相与 W 相		V 相对地	
W 相与 U 相		W 相对地	

二、安装接线

1. 检查电器元件质量

应在不通电的情况下，用万用表检查各触头的分、合情况是否良好。检查接触器时，应拆卸灭弧罩，用手同时按下三副主触头并用力均匀；同时应检查接触器线圈电压与电源电压是否相符。

2. 安装电器元件

按照图 7-19，在木板上将电器元件摆放均匀、整齐、紧凑、合理，并用螺钉进行安装。注意组合开关、熔断器的受电端子应安装在控制板的外侧，并使熔断器的受电端为底座的中心端；紧固各元件时应用力均匀，紧固程度适当。

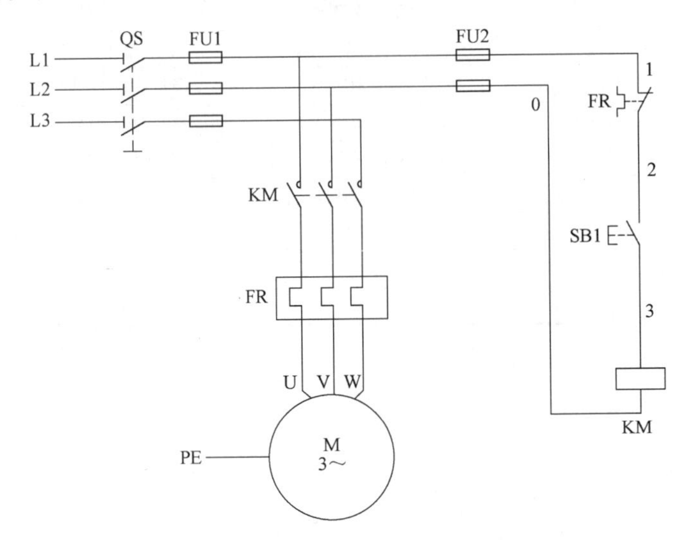

图 7-19　三相异步电动机Y-△自动减压起动控制电路

3. 板前明线布线

主电路采用 BV1.5mm^2（黑色），控制电路采用 BV1mm^2（红色）；按钮线采用 BVR0.75mm^2（红色），接地线采用 BVR1.5mm^2（绿/黄双色线）。布线时要符合电气原理图，先将主电路的导线配完后，再配控制电路的导线；布线时还应符合平直、整齐、紧贴敷设面、走线合理及接点不得松动等要求，具体注意以下几点：

1）走线通道应尽可能少，同一通道中的沉底导线，按主、控电路分类集中，单层平行密排，并紧贴敷设面。

2）同一平面的导线应高低一致或前后一致，不能交叉。当必须交叉时，该根导线应在接线端子引出时，水平架空跨越，但必须走线合理。

3）布线应横平竖直，变换走向应垂直。

4）导线与接线端子或线桩连接时，应不压绝缘层、不反圈及不露铜过长。并做到同一元件、同一回路的不同接点的导线间距离保持一致。

5）一个电器元件接线端子上的连接导线不得超过两根，每节接线端子板上的连接导线一般只允许连接一根。

6）布线时，严禁损伤线芯和导线绝缘。

7）布线时，不在控制板上的电器元件要从端子排上引出。

4. 检验控制板布线正确性

按图 7-18 检验控制板布线正确性

实训电路连接好后，学生应先自行认真仔细的检查，特别是二次接线，一般可采用万用表进行校线，以确认电路连接正确无误。

三、控制实训

经教师检查无误后，即可接通电动机三相交流电源。

1）接通电源。合上电源开关 QS。

2）起动。按下起动按钮 SB1，进行电动机的起动运行；观察电路和电动机运行有无异常现象，并仔细观察时间继电器和电动机控制电器的动作情况以及电动机的运行情况。

3）功能实训。做Y-△转换起动控制和保护功能的控制实训，如失压保护、过载保护和起动时间等。

4）停止运行。按下停止按钮 SB2，电动机 M 停止运行。

四、排故训练

教师模拟故障，学生排故训练，教师评价。

五、操作结束

1）实训工作结束后，应切断电动机的三相交流电源。

2）拆除控制电路、主电路和有关实训电器。

3）将各电气设备和实训物品按规定位置安放整齐。

六、实训注意事项

1）电动机、时间继电器、接线端子板的不带电金属外壳或底板应可靠接地。

2）电源进线应接在螺旋式熔断器底座的中心端上，出线应接在螺纹外壳上。

3）进行Y-△起动控制的电动机，必须是有 6 个出线端子且定子绕组在△联结时的额定电压等于三相电源线电压的电动机。

4）接线时要注意电动机的三角形联结不能接错，应将电动机定子绕组的 U1、V1、W1 通过 KM_{Δ} 接触器分别与 W2、U2、V2 连接，否则，会使电动机在三角形联结时造成三相绕组各接同一相电源或其中一相绕组接入同一相电源而无法工作等故障。

5）KM_{Y} 接触器的进线必须从三相绕组的末端引入，若误将首端引入，则在 KM_{Y} 接触器吸合时，会产生三相电源短路事故。

6）通电校验前要检查一下熔体规格及各整定值是否符合原理图的要求。

7）接电前必须经教师检查无误后，才能通电操作。

8）实训中一定要注意安全操作。

【任务评价】

1）画出三相异步电动机Y-△自动减压起动控制的电气原理图。

2）记录使用仪器和设备的名称、规格和数量，并填入表 7-18 中。

表 7-18　任务使用仪器和设备

设备名称	规格	数量

3）根据实训操作，简要写出实训步骤。

4）总结实训结果。

5）写出本次实训的心得体会。（另附页）

6）教师根据表现做出评价。

【相关知识链接】

一、Y-△转换起动的作用

三相异步电动机的Y-△转换起动方式是大容量电动机起动常用的减压起动措施，但它只能应用于△联结的三相异步电动机。在起动过程中，利用绕组的Y联结即可降低电动机的绕组电压及减少绕组电流，达到降低起动电流和减少电动机起动过程对电网电压的影响。待电动机起动过程结束后再使绕组恢复到△联结，使电动机正常运行。

二、电动机Y-△起动控制原理

1. 电路组成

三相异步电动机的Y-△变换起动控制的连接电路如图 7-19 所示，它主要由以下元器件组成：

（1）起动按钮（SB1）

手动按钮，可控制电动机的起动运行。

（2）停止按钮（SB2）

手动按钮，可控制电动机的停止运行。

（3）主交流接触器（KM）

电动机主运行回路用接触器，起动时通过电动机起动电流，运行时通过正常运行的线电流。

（4）Y联结的交流接触器（KM_Y）

用于电动机起动时作Y联结的交流接触器，起动时通过Y联结减压起动的线电流，起动结束后停止工作。

（5）△联结的交流接触器（$KM_{\triangle}$）

用于电动机起动结束后恢复△联结作正常运行的接触器，通过绕组正常运行的相电流。

（6）时间继电器（KT）。

控制Y-△变换起动的起动过程时间（电动机起动时间），即电动机从起动开始到额定转速及运行正常后所需的时间。

（7）热继电器（或电动机保护器 FR）。

热继电器主要设置有三相电动机的过载保护、断相保护等。

2. 控制原理

三相异步电动机Y-△转换起动的控制原理如下：

减压起动，全压运行：先合上电源开关 QS。

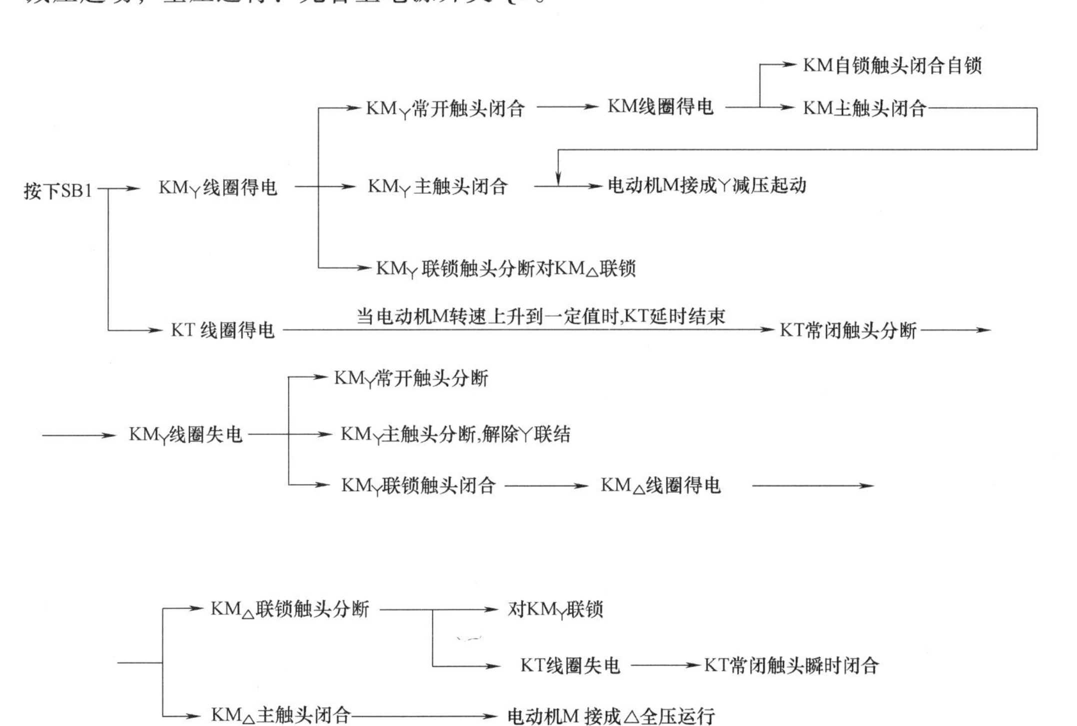

任务五 PLC 程序控制电动机Y-△减压起动电路的连接及调试

【任务描述】

用 PLC 控制电动机Y-△减压起动。

【任务目标】

1） 能正确连接 PLC 控制电路。
2） 能编写并调试简单 PLC 控制程序。

【所需器材】

任务所需器材见表 7-19。

表 7-19 任务所需器材

代号	名称	型号	规格	数量
M	三相异步电动机	Y-112M-4	4kW、380V、△联结	1
QS	组合开关	HZ10-25-3	三极额定电流 25A	1
FU1	螺旋式熔断器	RL1-60/25	500V、60A 配熔体额定电流 25A	3
FU2	螺旋式熔断器	RL1-15/2	500V、15A 配熔体 2A	2
KM、$KM_{\triangle}$、KM_{Y}	交流接触器	CJ10-20	20A、线圈电压 380V	3
SB1、SB2	按钮	LA4-3H	保护式、按钮数 3	1
FR	热继电器	JR16-20/3	三极、20A	1
	PLC	FX2N	48M	1
XT	端子排	JD0-1020	10A、20 节	1
	木板(控制板)		650mm×500mm×50mm	1
	万用表			1
	常用电工工具			若干

【任务实施】

一、硬件设计

1. 主电路设计

若无特殊要求，主电路与之前任务相同。

2. I/O 端口分配

I/O 端口分配见表 7-20。

表 7-20　I/O 端口分配表

输入端口分配			输出端口分配		
名称	代号	PLC 端口	名　称	代号	PLC 端口
起动按钮	SB1	X0	主接触器	KM	Y0
停止按钮	SB2	X1	Y接触器	KM_{Y}	Y1
热继电器	FR	X2	△接触器	$KM_{\triangle}$	Y2

3. 设计控制电路原理图

电路原理图如图 7-20 所示。

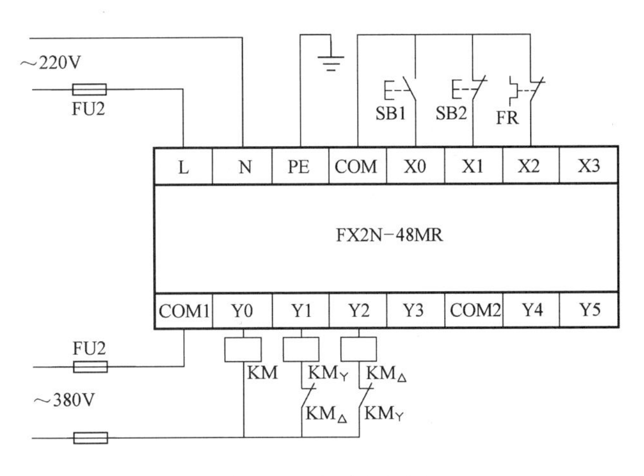

图 7-20　电路原理图

二、程序设计

1. 认识软元件——三菱 FX2N 的定时器

PLC 中的定时器相当于继电控制系统中的时间继电器。每个定时器由一个驱动线圈、无数对常开和常闭触头以及一个设定值寄存器和一个当前值寄存器组成。设定值寄存器用于设定定时时间，当前寄存器的值等于设定值寄存器的值时，定时器动作。在 PLC 的定时器中只有通电延时型，而没有断电延时型的时间继电器。

（1）通用定时器（T0 ~ T245）

100ms 定时器 T0 ~ T199 共 200 点，10ms 定时器 T200 ~ T245 共 46 点。

通用定时器没有保持功能，在定时器线圈断开、停电和复位时，触头和当前值寄存器将被复位。

（2）积算定时器（T246 ~ T255）

1ms 积算定时器 T246 ~ T249 共 4 点，100ms 积算定时器 T250 ~ T255 共 6 点。

积算定时器是一种停电保持型的定时器，它在停电时能记忆当前值寄存器的数据，且在线圈再次通电后累积定时，直到当值等于设定值时触头动作。

（3）三菱 FX2N 定时器编程练习

在编程软件上输入程序，观察运行结果并把输出状态画在右边，并监视各计数器或定时器的内容及状态。

2. 编写梯形图

编写梯形图如图 7-21 所示。

3. 模拟调试

为防止电动机在转换瞬间发生相间短路，需要输出继电器 Y1 和 Y2 的常闭触头实现软件联锁，在 PLC 输出电路的接触器之间用常闭触头实现硬件联锁。

程序工作过程如下：

电路通电后，X1、X2 输入继电器接通，其常开触头闭合。当按下 SB1 时，输入继电器

```
0  ──┤X000├──┬──┤X001├──┤X002├──┤/Y002├──┬──┤/T0├──(Y001)
     ──┤Y000├──┘                          │            K50
                                          └────────(T0)
12 ──┤Y001├──┬──┤X001├──┤X002├──┬───────────────(Y000)
     ──┤Y000├──┘                   └──┤/Y001├──────(Y002)
19 ──────────────────────────────────────────────[END]
```

图 7-21　梯形图

X0 接通，X0 的常开触头闭合，输出继电器 T0 和 Y1 接通，T0 开始计时，常闭触头断开联锁 Y2，同时使接触器 KM_{Y}得电动作，Y1 常开触头闭合使接触器 KM 得电动作并自锁，电动机接成Y减压起动。定时器 T0 计时到设定值 5s 后，T0 的常闭触头断开使 Y1 失电，接触器 KM_{Y}线圈失电触头复位，Y1 常闭触头复位使 Y2 接通，$KM_{\triangle}$得电工作使电动机接成△全压运行。按下 SB2，X1 常开复位断开，所有输出继电器断开复位，电动机停止。当电动机出现过载故障时 FR 动作，X2 常开复位断开，所有输出继电器断开复位，电动机停止。

三、安装与调试

1. 元器件选用与检测

参照接线图布置电器元件并完成接线，布置与接线图如图 7-22 所示。

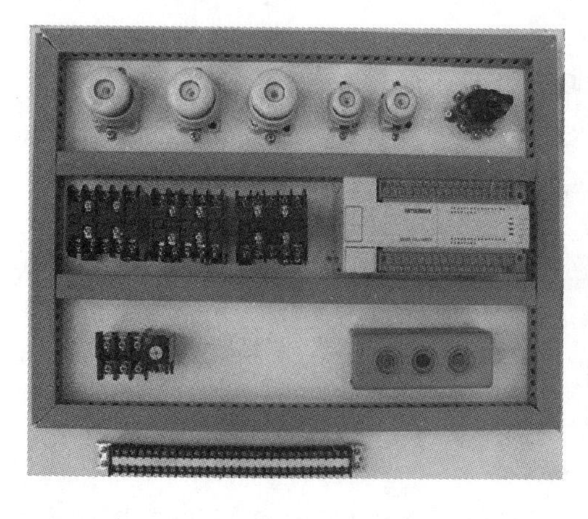
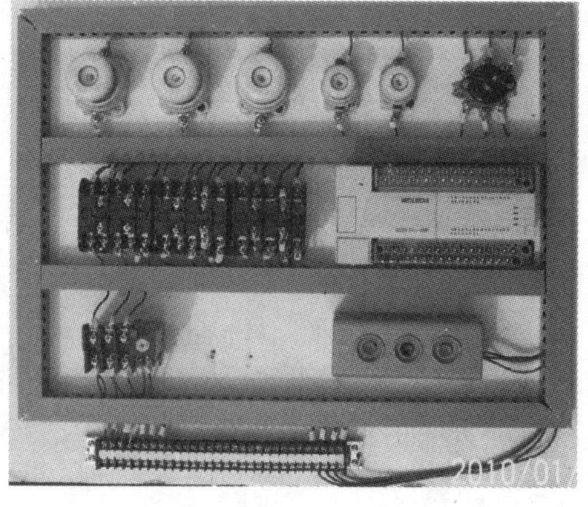

图 7-22　布置与接线图

2. 通电前冷态测试

1）主电路的检测：根据电气原理图自行设计主电路检测方法并进行测试，确保电路无短路和连接不良的情况。

2）控制回路的检测：检测步骤和方法参考前面相关项目。

3. 系统通电调试

1）通电前请仔细检查电路是否正确、牢固、美观。连接电动机和电源。用万用表进行电路的冷态测试，确保无短路和接触不良等接线故障。

2）将 PLC 的 RUN/STOP 开关拨到 STOP 位置，连接好 PLC 与计算机通信电缆，接通 PLC 电源，把编制好的程序写入 PLC。

3）运行调试。将 PLC 的 RUN/STOP 开关拨到 RUN 位置，按照表 7-21 操作，观察系统运行是否正常。若有故障，应立即切断电源，检查电路连接线及 PLC 梯形图程序，直到系统能正常实现Y-△减压起动的控制功能，并将调试中观察情况记入表 7-21 中。

表 7-21　Y-△减压起动线路运行调试对照表

<table>
<tr><th>操作步骤</th><th colspan="3">观察内容</th><th>正确与否</th></tr>
<tr><td rowspan="2">按下 SB2</td><td>Y1 点亮</td><td>KM_{Y} 吸合</td><td rowspan="2">电动机Y联结起动</td><td rowspan="2"></td></tr>
<tr><td>Y0 点亮</td><td>KM 吸合</td></tr>
<tr><td rowspan="3">延时 5s 后</td><td>Y0 保持亮</td><td>KM 保持</td><td rowspan="3">电动机△联结运行</td><td rowspan="3"></td></tr>
<tr><td>Y1 熄灭</td><td>KM_{Y} 失电</td></tr>
<tr><td>Y2 点亮</td><td>$KM_{\triangle}$ 吸合</td></tr>
<tr><td rowspan="2">按下 SB1 或
FR 动作</td><td>Y0 熄灭</td><td>KM 失电</td><td rowspan="2">电动机停止运行</td><td rowspan="2"></td></tr>
<tr><td>Y2 熄灭</td><td>$KM_{\triangle}$ 失电</td></tr>
</table>

四、注意事项

1）接线时 PLC 的工作电压不要接错。

2）输出端的电压要与负载的电压相同。

3）通电试车时要先检查一遍，以免接错。

4）不要触摸接线通电端子以防电振、误动作发生。

5）清扫及紧固端子须在关闭电源后进行。

【相关知识链接】

三菱 FX 系列 PLC 内部软元件（内部继电器）介绍

软元件简称元件。将 PLC 内部存储器的每一个存储单元均称为元件，各个元件与 PLC 的监控程序、用户的应用程序配合，可以模拟出不同的功能。当元件产生的是继电器功能时，称这类元件为软继电器，简称继电器，它不是物理意义上的实物器件，而是一定的存储单元与程序的结合产物。后面介绍的各类继电器、定时器、计数器都指此类软元件。元件的数量及类别是由 PLC 监控程序规定的，它的规模决定着 PLC 整体功能及数据处理的能力。在使用 PLC 时，主要查看相关的操作手册。FX_{2N}系列 PLC 软元件一览表见表 7-22。

表 7-22　FX_{2N} 系列 PLC 软元件一览表

<table>
<tr><th>型号
元件</th><th>FX_{2N}-16M</th><th>FX_{2N}-32M</th><th>FX_{2N}-48M</th><th>FX_{2N}-64M</th><th>FX_{2N}-80M</th><th>FX_{2N}-128M</th><th>扩展时</th><th></th></tr>
<tr><td>输入继电器
K</td><td>X000～X007
8 点</td><td>X000～X017
16 点</td><td>X000～X027
24 点</td><td>X000～X037
32 点</td><td>X000～X047
40 点</td><td>X000～X077
64 点</td><td>X000～X267
184 点</td><td rowspan="2">合计 256 点</td></tr>
<tr><td>输出继电器
Y</td><td>Y000～Y007
8 点</td><td>Y000～Y017
16 点</td><td>Y000～Y027
24 点</td><td>Y000～Y037
32 点</td><td>Y000～Y047
40 点</td><td>Y000～Y077
64 点</td><td>Y000～Y267
184 点</td></tr>
<tr><td>辅助继电器
M</td><td colspan="2">M0～M499
600 点一般用</td><td colspan="2">【M500～M1023】
524 点保持用</td><td colspan="2">【M1024～M3071】
2038 点保持用</td><td colspan="2">【M8000～MM8255】
256 点特殊用</td></tr>
<tr><td>状态继电器
5</td><td colspan="3">S0～S499
500 点一般用</td><td colspan="2">【S500～S899】
400 点保持用</td><td colspan="3">【S900～S999】
100 点特殊用</td></tr>
<tr><td>定时器
T</td><td colspan="2">T0～T99
200 点 100ms
子程序用…
T192～T199</td><td colspan="2">T200～T245
46 点 10ms</td><td colspan="2">【T246～T249】
4 点 1ms 累积</td><td colspan="2">【T250～T255】
6 点 100ms 累积</td></tr>
<tr><td rowspan="2">计数器
C</td><td colspan="2">16 位增量计数器</td><td colspan="2">32 位可逆计数器</td><td colspan="4">32 位高速可逆计数器</td></tr>
<tr><td>C0～C99
100 点一般用</td><td>【C100～C199】
100 点保持用</td><td>【C200～C219】
20 点一般用</td><td>【C220～C234】
15 点保持用</td><td>【C235～C246】
1 相 1 输入</td><td>【C247～C250】
1 相 2 输入</td><td colspan="2">【C251～C255】
2 相输入</td></tr>
<tr><td>数据寄存器
D、V、Z</td><td>D00～D199
200 点一般用</td><td colspan="2">【D200～D511】
312 点保持用</td><td colspan="2">【D512～D7999】
7488 点保持用
D1000 后可以设
定做文件寄
存器使用</td><td colspan="2">D8000～D8195
256 点特殊用</td><td>V7～V0
Z7～Z0
16 点变址用</td></tr>
<tr><td>嵌套
指针</td><td>N0～N7
8 点主控用</td><td colspan="2">P0～P127
128 点跳跃、子程序用、
分支式指针</td><td colspan="2">I00 *～I50 *
6 点
输入中断用指针</td><td colspan="2">I6 *～I8 *
3 点
定时器中断用指针</td><td>I010～I060
6 点
计数器中断用指针</td></tr>
<tr><td rowspan="2">常数</td><td>K</td><td colspan="3">16 位：-32768～32767</td><td colspan="4">32 位：-2147483648～2147483647</td></tr>
<tr><td>H</td><td colspan="3">16 位：0～FFFFH</td><td colspan="4">32 位：0～FFFFFFFFH</td></tr>
</table>

【任务评价】

用 PLC 控制Y-△自动减压起动的实际操作评分表见表 7-23。

表 7-23　PLC 控制Y-△自动减压起动的实际操作评分表

序号	操作内容	实际操作	配分	得分
1	画出控制电路原理图		10	
2	记录仪器和设备的名称、规格和数量		10	
3	线路连接		15	
4	热继电器参数整定		5	
5	程序编写		10	
6	万用表冷态测试		10	
7	通电试验		30	
8	安全文明		10	
	合计		100	

学生（签名）　　　　　　测评教师（签字）　　　　　　时间：

1. PLC 里面定时器的分类有哪些？它们的特点是什么？
2. 试分析此电路在通电试验时的具体操作步骤及应有的现象。

参考文献

[1] 曾祥富，况书君．电动机与控制［M］．北京：科学出版社，2010.
[2] 李敬梅．电力拖动控制线路与技能训练［M］．北京：中国劳动社会保障出版社，2007.
[3] 黄永铭．电动机与变压器维修［M］．北京：高等教育出版社，2009.
[4] 李 仁．电器控制［M］．北京：机械工业出版社，2000.
[5] 陈定明．电机与控制［M］．北京：高等教育出版社，2004.
[6] 李 斌．电机修理［M］．重庆：重庆大学出版社，2007.
[7] 陈书华．电机与控制［M］．北京：中国电力出版社，2009.
[8] 戈宝军，梁艳萍，温嘉斌．电机学［M］．中国电力出版社，2010.
[9] 徐建俊．电机与电气控制［M］．北京：清华大学出版社，2004.
[10] 汪永华．电动机故障速检速修［M］．上海：上海科学技术出版社，2010.
[11] 何应俊．学修电动机［M］．北京：人民邮电出版社，2011.